U0227844

著者简介

彼方（kanata）

　　出生于日本青森县弘前市。热爱Shell技巧，专注于利用管道运算符将各种命令串联起来，在CLI终端中实现一行命令完成复杂的调查、计算和数据处理。痴迷于Shell技巧中的混淆化技术，对网络安全充满激情。

青少年编程与人工智能启蒙

别怕黑窗！

零基础学命令行与 Shell 脚本编程

〔日〕彼 方 ◎ 著

鲁尚文 ◎ 译

科学出版社

北 京

图字：01-2024-5404号

内 容 简 介

以"黑窗"为主要形态的命令行界面（CLI）或字符用户界面（CUI），总是令初学者望而生畏。然而，在系统和软件开发的实践中，难免要在"黑窗"上通过输入被称为"命令"的字符串来操作。

本书以"黑窗上的命令操作"为主题，对比 Windows 和 Linux 两种环境，通过命令提示符、PowerShell 及基于 WSL 的终端模拟器，讲解各种命令和 Shell 脚本的基础知识和用法，探讨如何利用命令将日常工作高效地组织起来，甚至用一行命令高效完成各种任务。

本书可作为软件工程、计算机专业的入门书，适合职场人士阅读，也可用作青少年编程、STEM 教材。

图书在版编目（CIP）数据

别怕黑窗！零基础学命令行与Shell脚本编程 / （日）彼方著；鲁尚文译. -- 北京：科学出版社，2025. 1.

ISBN 978-7-03-080161-6

Ⅰ. TP316.89

中国国家版本馆CIP数据核字第20247D5T45号

责任编辑：喻永光 / 责任制作：周 密 魏 谨
责任印制：肖 兴 / 封面设计：郭 媛

科 学 出 版 社 出版
北京东黄城根北街16号
邮政编码：100717
http://www.sciencep.com

三河市春园印刷有限公司印刷

科学出版社发行 各地新华书店经销

＊

2025年1月第 一 版 开本：880×1230 1/32
2025年1月第一次印刷 印张：7
字数：176 000

定价：48.00元
（如有印装质量问题，我社负责调换）

序

　　在你使用计算机时，是否向往过用键盘一气呵成地"啪啦啪啦……回车！"这样的操作？至少笔者是很向往的。而刚刚描述的"啪啦啪啦……回车！"操作正是在计算机上被称为"黑窗"的 CLI（command line interface，命令行界面）或者 CUI（character user interface，字符用户界面）上进行的。

　　在系统和软件开发的实践中，难免要在"黑窗"上通过输入被称为"命令"的字符串来操作。熟练掌握这些"黑窗"和命令的用法，是充分利用计算机能力的关键技能。

　　不过，操作"黑窗"的确是初学者学习计算机时的一道坎。即便是普遍在图形用户界面（graphical user interface，GUI）上使用鼠标操作的当下，软件开发领域仍然有在"黑窗"上使用一些工具的需求。初出茅庐的工程师和刚刚接触这一领域的人，多少有些不适应，甚至心生抵触。笔者第一次接触计算机时也有同样的感觉。

　　本书以"黑窗上的命令操作"为主题，从有关命令的基础知识出发，探讨如何利用命令将日常工作高效地组织起来。

　　此外，书中穿插了与命令操作有关的各种错误和事故，以及对应的预防方法。"我错误地删除了所有重要的文件！""我把我的系统搞坏了！"这样的事故在开发环节屡见不鲜，读者没有必要重蹈覆辙。

　　书中在给出每条命令的执行结果的同时也会给出解释，因此，即使是没有命令操作经验的读者，也能在阅读过程中感受完整过程。对于"看到黑窗就紧张"或者"对命令操作感到不适"的读者,相信书中的很多知识和技巧能让你的日常开发变得更加轻松有趣。

　　读完本书后,你会发现,"黑窗"一开始看上去有点吓人,但实际上是一个非常有用且可靠的工具。希望各位读者能够熟悉"黑窗"操作,发现命令带来的方便和乐趣,最终掌握向往过的、一气呵成的"啪啦啪啦……回车!"操作。

前　言

近些年来，对普通计算机用户而言，接触到以纯文本用户界面显示的"黑窗"（CLI）的机会已经很少了。绝大多数用户进入 IT 世界后，在图形用户界面（GUI）上操作已经成为常态。因此，有相当一部分用户可能从来没有接触过这样的"黑窗"。本书的主人公小马就是其中一员。

本书面向那些感到"黑窗好可怕，不敢去碰它！"的新手 IT 工程师和初学者，讲解必备的基础知识和常用命令。

第1章

在第 1 章，我们首先会厘清一些与"黑窗"相关的计算机术语和它们的含义。然后，我们尝试用 CLI 操作 GUI 程序，以体会它们在本质上能执行相同的操作。

第2章

在第 2 章，我们将解释为什么"黑窗"会让用户感到害怕和焦虑，并找出对策。接着，我们通过 Windows 下的两套典型 CLI——命令提示符和 PowerShell，学习如何操作基本的命令。

第3章

在第 3 章，我们将进入 Linux 的世界，它与 CLI 和命令息息相关。通过 WSL 操作 Linux，我们将体验到与命令提示符和 PowerShell 类似的操作。

第4章

在第 4 章，我们将讲解 Shell 脚本（Shell script）的相关知识。通过提前将命令存储于 Shell 脚本中，用户可以快速执行任务，无须每次手动输入相同的命令。

第 5 章

在第 5 章，我们将探讨使用 Linux 时提高工作效率的办法——仅输入一行命令就能做到。通过将若干个方便的命令组合使用，就可以借助一行命令高效完成各种任务。

第 6 章

在第 6 章，我们将介绍操作 CLI 时容易发生的各种事故及应对策略，同时还会介绍初学者在操作 Linux 时特别常见的几个错误。

读过本书之后，你就会认识到，我们以前不熟悉的"黑窗"，事实上是一个可靠的帮手，可以在很大程度上提高我们的开发效率。那么，让我们迈出与"黑窗"及命令打交道的第一步吧！

本书的预设环境

书中讲解的各种 CLI 操作，均在以下环境中进行了验证。

■ Microsoft Windows 11 版本 23H2

由于 Windows 操作系统在持续更新，读者的操作环境不必与此完全一致。只要是 Windows 11 或者更新的操作系统，并使用 Windows 更新功能更新到最新状态，你应该能够执行和书中所述相同的操作。

为了在 Windows 上运行 Linux，本书的后半部分使用了 WSL（Windows Subsystem for Linux，用于 Linux 的 Windows 子系统）。这是 Windows 提供的标准功能之一，无须额外付费。我们将在第 3 章详细介绍这部分内容。

命令的展示方式

本书中，命令的讲解示例按照以下结构展示。

■ 提示符（prompt）

这是在 CLI 上显示的、用于提示你输入命令的部分，在 CLI 启动后会自动显示，无须各位读者输入。根据系统设置和运行环境，提示符可能显示为 C:\Users\user>（Windows）或者 user @HOST:/home/user$（Linux）。读者在一开始只要知道不用自己输入这些提示符就可以了。

■ 命　令

在这里输入要执行的命令。本书会介绍有哪些可用的命令。

■ 可选输入位置

用中括号包裹的部分，其具体内容需要根据命令的目的来修改。例如，显示为"[文件名]"说明在这个位置应该用任意文件名替换。本书会逐一讲解每个地方应该输入哪些内容。

另外，在 CLI 上显示的命令执行结果，以黑色程序体呈现。

目　录

第 3 章　Linux 命令的世界

第 4 章　用 Shell 脚本处理无聊的工作

第 5 章　使用一行命令高效完成任务

第 6 章　更好地与"黑窗"相处

附录 A　无法使用 WSL 时的替代方案

第 1 章

"黑窗"
和命令的本质

CLI（命令行界面）俗称"黑窗"。这个工具究竟是用来干什么的？又是如何让你仅仅通过输入字符就能操作计算机的呢？当下，我们使用计算机时，主要是通过鼠标点击屏幕上的图标和按钮，使用 Excel、"记事本"、"计算器"等各种软件时也是如此。那么，使用"黑窗"进行操作与我们平时使用计算机的方式有什么不同呢？

另外，还有一些用于描述"黑窗"的术语，如终端、模拟器、Shell 等。这些术语有什么不同？它们描述的事物分别起什么作用？

在本章中，我们将首先讲解为什么需要使用"黑窗"进行操作，以及"黑窗"由哪些部分组成，并解释刚才提到的各种术语。

与"黑窗"相关的术语

近年来，计算机的主流操作方式是强调用户友好性的 GUI（graphical user interface，图形用户界面），用户使用鼠标等工具操作屏幕上显示的窗口，如图 1.1 所示。

图 1.1　GUI

与 GUI 不同，过去经常使用 CLI（command line interface，命令行界面）/CUI（character user interface，字符用户界面），用户对着"黑窗"输入文本，程序的结果也以文本的形式返回，如图 1.2 所示。

---

① CLI 和 CUI 的含义是相同的，本书后续将统一使用 CLI。

```
louis@louis-hp: /mnt/c/Users    +    ─    □    ✕
louis@louis-hp:/mnt/c/Users/Louis/Desktop$ ls
desktop.ini  presentation  publisher-books  testcode
louis@louis-hp:/mnt/c/Users/Louis/Desktop$ ls -al
total 0
drwxrwxrwx 1 louis louis 4096 Aug 17 17:20
drwxrwxrwx 1 louis louis 4096 Jul 20 13:31
-rwxrwxrwx 1 louis louis  282 Oct  3  2023 desktop.ini
drwxrwxrwx 1 louis louis 4096 Jul 28 19:21 presentation
drwxrwxrwx 1 louis louis 4096 Aug 13 20:17 publisher-books
drwxrwxrwx 1 louis louis 4096 Jun  9 21:42 testcode
louis@louis-hp:/mnt/c/Users/Louis/Desktop$
```

图 1.2 CLI

我最熟悉的还是 GUI。

GUI 和 CLI 是操作计算机的两种方式。随着技术的进步，普通计算机用户不再需要通过 CLI 操作了[1]。然而，当我们想要更深入了解计算机并深度使用它时，CLI 仍然主要的操作方式。尤其是在软件开发、服务开发、基于计算机的科学研究等领域，CLI 仍然被广泛使用。

1.1.1　终端模拟器

先来说说"终端模拟器"（terminal emulator）。如果你对 CLI 有过一些了解，或者你是一位从事开发工作的工程师，你可能对这个术语已经有所耳闻。它和"黑窗"的起源有关。

和启动"记事本""计算器"等类似，为了显示"黑窗"，你需要启动一个软件，提供显示"黑窗"的窗口。这个软件就是终端模拟器，有时也会简称为"终端"（terminal）。

---

[1] 笔者最初购买的计算机就主要在"黑窗"上操作，距今已有二十多年了。

当然，终端模拟器不是真正的终端，而是用来模拟终端功能的软件。

1.1.2 终 端

在个人计算机走进千家万户之前，计算机主要在企业和研究机构使用。如图 1.3 所示，当时的计算机由一台"主机"（host computer）和连接到主机的多个被称为"终端"的设备组成。

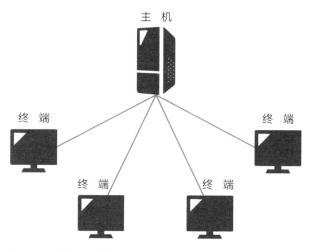

图 1.3 主机和终端

当时的终端设备，在接通电源之后仅显示黑白画面[①]。终端本身没有任何操作系统，主要负责与主机通信。所有必要的操作均在主机中完成，而终端则负责向主机发送文本，并将主机的处理结果以文本形式显示，如图 1.4 所示。

---

① 再往前一段时间追溯的话，那时的终端甚至还没有屏幕。输入文本后，结果将会被直接打印在纸上。这类终端设备被称为"电传打字机"。

图 1.4 与主机通信的终端^①（来源：https://en.wikipedia.org/wiki/VT100）

到了现代，曾被称为"主机"的大型计算机被"服务器"所取代，包括个人计算机、智能手机等在内的各类设备都连接至服务器，如图 1.5 所示。

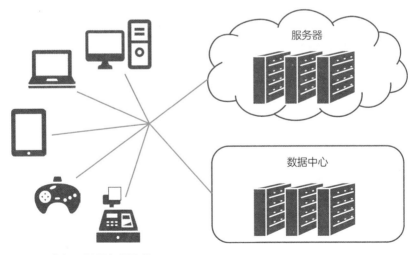

图 1.5 主机已被服务器取代

---

① 作者 Jason Scott，原图地址：https://www.flickr.com/photos/54568729@N00/9636183501。
——译者注

同时，终端与服务器的通信不再局限于"黑窗"形式，而是扩展到了电子邮件、浏览器等通信方式。作为硬件设备，终端不再是必需的，而是被软件所取代。因此，资深的软件工程师有时会用"打开终端"来指代启动终端模拟器的操作。

"终端"这个称呼可以看作一种历史遗留。

1.2

"黑窗"的本质——Shell

接下来，我们说说"黑窗"里的内容。启动终端模拟器之后，首先会显示一些文本，文本的后面跟着一个闪烁的光标。终端模拟器有许多种，但它们的界面看上去大同小异。图 1.6 ～ 图 1.8 显示了 Windows 下的命令提示符、PowerShell，以及基于 WSL 的终端模拟器的样子。

图 1.6　命令提示符

图 1.7　PowerShell

图 1.8　基于 WSL 的终端模拟器

终端模拟器是一个程序，它的唯一功能是接收用户从键盘输入的内容，并将结果输出到屏幕上。回顾图 1.6 ～ 图 1.8，每幅图中，屏幕上都显示了一串"提示符"（prompt），并等待用户输入。当你在屏幕上输入命令并执行时，系统会返回执行后的结果。

然而，命令的执行似乎与终端模拟器的功能并没有太大的直接关系，这意味着什么呢？

究其原因，还有一个名为 Shell（外壳）的软件在终端模拟器背后运行。Shell 是用来解析在命令行界面（CLI）中输入的命令并将其执行的程序，被视为操作系统（operating system，OS）的一部分。操作系统是我们耳熟能详的概念，但操作系统本身由许多软件构成。其中，核心部分被称为操作系统的内核（kernel），此外还包括与内核交互的 Shell，如图 1.9 所示。

图 1.9 内核和 Shell 的示意图

操作系统的内核控制 CPU、内存、硬盘、键盘等硬件。它负责管理这些硬件，并允许其他程序使用这些硬件的资源。然而，内核不具备直接与计算机用户交互的能力，而 Shell 提供了一种用户与内核交互的方法。终端模拟器可以看作一个屏幕，帮助用户通过输入命令和获取输出的方式操作 Shell。前面提到，终端模拟器仅提供接收输入和显示输出的功能，而 Shell 才是负责执行输入命令的软件。

图 1.9 形象地展示了操作系统中这两大关键部分的关系：内核作为核心部分不直接暴露给用户，而 Shell 则如其名"外壳"一般"包裹"着内核。

内核确实是被外壳包裹着的啊。

请注意，Shell 不仅限于 CLI。某些 Shell 与"黑窗"不同，它们并不显示字符并接受文本输入，而是通过窗口接受鼠标点击等操作的输入。这种 Shell 被称为图形 Shell（graphical Shell）。我们日常使用的绝大多数计算机上安装的 Windows 操作系统就运行着图形 Shell——Windows Shell。

顺便提一下，截至 2024 年，Windows 操作系统在出厂状态下自带三种 Shell，见表 1.1。

表 1.1　Windows 在出厂状态下自带的 Shell 列表

Windows 自带的 Shell	概　要
Windows Shell	Windows 的 GUI
命令提示符（cmd.exe）	旧版本的 Shell（CLI），用法类似于 Windows 之前的 MS-DOS 操作系统
PowerShell	为取代 cmd.exe 而开发的新一代 Shell（CLI）

除了表 1.1 中列举的 Shell，较新版本的 Windows（Windows 11 和 Windows 10 1903 及以后版本等）提供了一个新功能——WSL（Windows Subsystem for Linux，用于 Linux 的 Windows 子系统）。此功能允许用户使用许多在 Linux 上运行的 Shell[①]。

[①] 运行在 Linux 上的 Shell 有很多种，如 bash、zsh 和 fish 等。本书以应用最广泛的 bash 为例进行讲解。无论使用哪种 Shell，基本操作都是一样的。关于 Linux 的详细讲解见第 3 章。

1.3

为什么要用 CLI

如今，尽管能直观操作计算机的图形用户界面（GUI）已被广泛使用，但对 CLI 的操作仍然十分必要。那么，为什么 CLI 仍在使用而没有过时？我们总结了 CLI 自古至今一直被使用的原因。

- 可以利用更少的资源进行操作。
- 工作流程可以轻松记录和共享，便于出问题时进行排查。
- 过去创建的内容照样可以使用，保证兼容性。
- 易于集成到任何自动化系统中。

1.3.1 可以利用更少的资源进行操作

使用 CLI 操作所占用的计算机内存和 CPU 资源非常少。在较低配置的计算机上，启动浏览器可能需要几秒或几十秒，但终端模拟器几乎能够立即启动并轻松接收用户输入的文本。

使用 GUI 操作的 CPU 负荷较重，且会占用较大的磁盘空间。因此，业务系统所用的服务器通常不配备 GUI，而是通过 CLI 操作搭建整个系统。用于服务器的 Linux，以及通过以 Docker 为代表的容器技术搭建的操作系统，通常没有配备 GUI（用于服务器的 Windows Server 是一个例外，它和个人计算机的 Windows 一样配备了标准 GUI）。

1.3.2 工作流程可以轻松记录和共享

多个用户分享操作和解决问题的流程时，CLI 在信息传递和交流中起着重要作用。例如，在以下情形中，CLI 能很好地发挥作用。

- 请求他人操作你的计算机时。
- 将计算机操作的记录（输入内容、输出结果等）保留下来时。
- 编写计算机操作的步骤时。

CLI 操作完全以文本形式表达，适合记录工作指令和工作结果，这有利于创建帮助手册。

让我们看看如何为 GUI 操作编写帮助手册：打开一个应用程序并截图，粘贴到 Word 或 Excel 中，在截图的按钮周围画框标记，然后点击按钮，查看应用程序的下一个界面并进行截图……相应的成本（时间、人力、金钱）将大幅增加。此外，这份手册可能卷帙浩繁，难以阅读，如图 1.10 所示。

图 1.10　为 GUI 操作编写帮助手册的情形

而为 CLI 操作编写帮助手册，只需要提炼"输入如下字符串"和"结果将如下所示"这两项就够了。

编写帮助文档时，甚至只需要纯文本文件。

　　另外，CLI 也有助于处理程序发生的故障。当 GUI 程序发生异常状况时，通常很难用窗口画面把故障原因解释清楚。设想一下，你正在操作一个应用程序，突然弹出了图 1.11 所示的报错对话框。

图 1.11　GUI 中的报错对话框

　　如果不解决这个错误，就没法继续工作。你立即联系支持人员，但是棘手的问题来了：为了解释程序里发生了什么故障，你需要将你的操作界面截图，保存到文档中，然后发给对方。万一发送的截图不包含解决故障所需的必要信息，你又需要反复操作……这样一来，CLI 的简便就显而易见了。调查故障所需的所有信息都以文本形式呈现，非常有利于总结和分析。

1.3.3　过去创建的内容照样可以使用

　　这一事实可能会让某些读者感到难以置信：许多计算机系统至今仍在运行 30 年前编写的旧程序，而这些程序绝大多数在 CLI 上而非 GUI 上运行。保持 30 年不变的兼容性是 CLI 的一个巨大优势。

相对而言，GUI 往往随着操作系统的更新而被重新设计，有些用 GUI 创建的部件甚至无法维护 30 年之久[1]。

1.3.4 易于集成到任何自动化系统中

CLI 操作归根结底是按顺序输入各种命令，因此具有易于自动化的特点。你可以创建一个包含按顺序组织的命令的脚本，这样执行一次即可完成所有命令。甚至可以将其与基于时间的执行机制相结合，实现完全自动化。我们将在第 4 章详细讲解如何编写这类脚本。

GUI 操作相对较难实现自动化。当然，随着技术的进步，这种情况正在发生变化。RPA[2] 技术的诞生，使得 GUI 操作的自动化成为可能。但以笔者对这项技术的了解，它的构建难度相当高，并且不长期维护可能就无法使用。

---

[1] 过去曾经有许多方案旨在保持 GUI 功能的长期兼容性，可惜都没有持续多久。

[2] RPA：robotic process automation，机器人流程自动化，一种使用软件自动执行人在 PC 上日常执行的 GUI 任务的技术。

1.4

"黑窗"操作实战——启动"记事本"

现在，让我们尝试从"黑窗"启动一些常用软件。先试试启动"记事本"软件，相信绝大多数 Windows 用户都至少用过它一次。

为了加深理解，我们将分别讲解从图形 Shell 启动的普通方法和从"黑窗"启动的方法。之前提到，图形界面和"黑窗"本质上都是 Shell，它们执行的操作本质上是一样的，即调用内核的功能来加载并启动"记事本"。从人类的角度来看，它们唯一的区别在于操作界面的外观。接下来，我们将对比这两者的异同。

1.4.1 从 Windows 11 的 GUI 启动

来看看如何用普通方法启动"记事本"。打开"开始"菜单，点击右上角的"所有应用"，如图 1.12 所示。

图 1.12 从"开始"菜单中寻找"记事本"

在应用列表中找到"记事本",单击并启动,如图 1.13 所示。

图 1.13 从"开始"菜单中启动"记事本"

除此之外,还有一些可行的启动方法,其中之一是直接打开可执行文件。

打开资源管理器,在地址栏输入"C:\Windows\System32"并回车,如图 1.14 所示。

目标文件夹中的"notepad.exe"文件是"记事本"可执行文件,双击启动后的界面如图 1.15 所示[①]。

———————————

① 根据你对资源管理器的设置,文件列表中可能不会显示扩展名(文件名中的点号及其后面的部分),如"记事本"的文件名显示为"notepad",不带".exe"。这不会影响你启动软件。

打开"C:\Windows\System32"

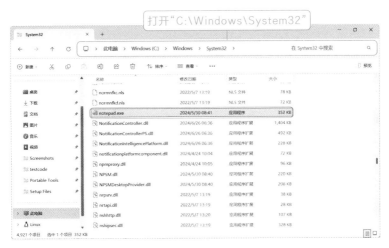

图 1.14　通过资源管理器显示"记事本"可执行文件所在的位置

图 1.15　"记事本"界面

1.4.2 从命令提示符启动

我们在"黑窗"上尝试类似的操作。

先启动"黑窗",也就是终端模拟器。终端模拟器有很多种,具体取决于我们前面讲过的 Shell。这里使用"命令提示符"。这是一款历史比较久的 Shell,类似 Windows 之前的操作系统 MS-DOS。

在"开始"菜单最上方(或任务栏)的搜索框中输入"cmd"或"dos",显示的第一个搜索结果就是"命令提示符",如图 1.16 所示。

图 1.16 显示命令提示符

在显示的结果中点击"打开"启动终端模拟器,如图 1.17 所示。

图 1.17 启动终端模拟器

出于兼容性考虑，命令提示符保留了一部分 MS-DOS 的功能。正因如此，我们现在仍然能够使用一些年代久远的命令[①]。

接下来，让我们启动"记事本"，这是一个标准的 Windows 应用程序。

在命令提示符中输入以下命令。注意，命令左侧的">"是提示符（相当于图 1.17 中"C:\Users***>"的简写），提示你在此处输入命令。

> C:\Windows\system32\notepad.exe

"记事本"启动后的界面如图 1.18 所示。

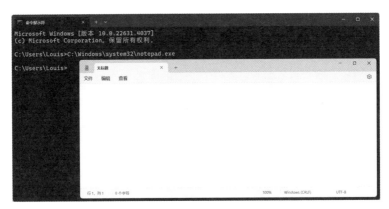

图 1.18 从命令提示符启动"记事本"

[①] MS-DOS 最早由微软于 1981 年发布。也就是说，现在的命令提示符在某种意义上可以使用 40 年前的功能。

"记事本"启动了！

以上展示了直接指定"记事本"可执行文件的位置的启动方法。任何应用程序都可以通过指定可执行文件的位置来启动。

此外，Windows 还会通过默认设置自行搜索"记事本"可执行文件的位置[1]。也可以省略扩展名".exe"，即输入"notepad"以启动"记事本"。

```
> notepad
```

你是否成功启动了"记事本"？综上所述，除了通常的鼠标双击的启动方法，你也可以通过上述文本指令来启动它。

---

[1] 此处的"默认设置"指的是 Windows 环境变量中的 Path 变量。环境变量是一种数据共享机制，详细解释见本章结尾的"专栏"部分。

1.5

"黑窗"操作实战——启动"计算器"

我们来看另一个例子，使用 PowerShell 启动"计算器"。

1.5.1 从 Windows 11 的 GUI 启动

这里尝试与之前启动"记事本"不同的一种方法。

打开资源管理器，在地址栏直接输入"C:\Windows\system32\calc.exe"并回车，即可启动"计算器"。

另外，如 1.4 节所述，Windows 会借助默认设置搜索"记事本"可执行的位置，GUI 也是如此。只要在地址栏直接输入"calc"并回车，即可启动"计算器"，如图 1.19 所示。

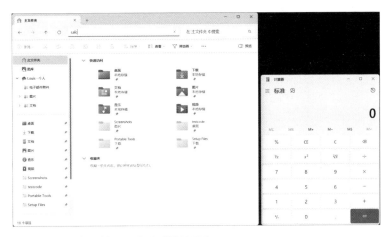

图 1.19　从资源管理器启动"计算器"

1.5.2 从 PowerShell 启动

我们尝试从 PowerShell 启动"计算器"。PowerShell 也是一种 Shell，它是微软为取代旧版的命令提示符而开发的。

在搜索框中输入"powershell"，搜索结果中将显示"Windows PowerShell"，如图 1.20 所示。

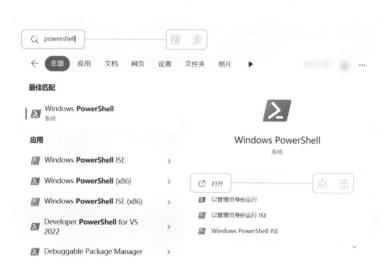

图 1.20　显示 PowerShell

在显示的结果中点击"打开"，启动终端模拟器，如图 1.21 所示。

图 1.21　启动 PowerShell

基本操作与命令提示符一致。要运行某个软件,只要输入表示该软件存储位置的字符串,然后按回车键即可。输入以下命令即可启动"计算器",这与之前在 GUI 地址栏中输入"calc"的效果相同。

```
> C:\Windows\system32\calc.exe
```

简化版的启动命令如下。

```
> calc.exe
```

在图形 Shell 流行起来之前,软件的启动都是通过上述输入文本的方式进行的。无论是 GUI 还是 CLI,在内核端所执行的操作是相同的。

至此,我们讲解了"黑窗"和命令的本质。尽管本章以 Windows 为例,但这些概念对于所有计算机都是通用的。

什么是环境变量?

环境变量是操作系统提供的数据共享功能之一。环境变量中配置的内容可以被任何程序引用。

用户可以按照以下步骤检查环境变量中的设置。

❶ 打开"设置"程序,选择"系统"。

❷ 选择最下方的"系统信息",在出现的"相关链接"模块中选择"高级系统设置"。

❸ 在弹出的窗口中点击"环境变量 (N)……"如图 1.22 所示。

图 1.22　Windows 的环境变量设置界面

当然，也可以通过 CLI 检查环境变量。在命令提示符中键入"set"命令。

```
> set
ALLUSERSPROFILE=C:\ProgramData
APPDATA=C:\Users\Louis\AppData\Roaming
AV_APPDATA=C:\Users\Louis\AppData\Roaming
（中间部分省略）
Path=C:\Windows\system32;C:\Windows;C:\Windows\
System32\Wbem;C:\
```

```
Windows\System32\WindowsPowerShell\v1.0\;C:\Windows\
System32\OpenSSH\;
C:\Program Files\Microsoft SQL Server\150\Tools\
Binn\;C:\Program Files (x86)\Windows Kits\10\Windows
Performance Toolkit\;C:\Program Files
\Git\cmd; C:\Users\Louis\AppData\Local\Microsoft
\WindowsApps;
（以下部分省略）
```

在 PowerShell 中输入以下命令以检查环境变量，此处省略结果。

```
> Get-ChildItem env:
```

在执行的结果中可以看到，系统设置了一个名为 Path 的环境变量。Path 中设置了多个存放命令和应用程序的目录。当 Windows 尝试执行命令或应用程序时，它会在 Path 中设置的目录中搜索对应的可执行文件并执行它。

在 1.4 节，我们说输入"notepad"即可启动"记事本"。这是因为"记事本"可执行文件 notepad.exe 的路径"C:\Windows\system32"已被设置在 Path 环境变量中，因此 Windows 能够找到并执行这个可执行文件。

第 2 章

"黑窗" 进阶实战

"黑窗"有点难上手呢。

是吗？

不管我说什么，它好像都没啥反应……

的确，CLI 看上去很安静，话很少。

但如果使用得当，它是一个非常值得信赖的工具。

使用得当……

第二天

它确实是个安静又神秘的角色，我跟它打交道的时候非常紧张。

……

每天同一时间会动会去同一家花店，只买一支眼镜花。然后……

她看似冷酷但内心善良，经常给父母送礼物，不要错过她。

她可真有意思。

两人的品位都怪怪的。

28

为什么我们会对"黑窗"感到恐惧和焦虑呢？在本章，我们将首先梳理焦虑的原因，并讨论消除这些焦虑的办法。

在此过程中，我们将探讨 GUI 和 CLI 这两种用户界面（user interface，UI）之间的差异。UI 是一个术语，指的是计算机和用户之间交换信息的"外观"和"操作方式"。CLI 操作的一些心理障碍和 UI 上的这些差异不无关系。

从本章的中间部分开始，你将会在对实际操作的想象中逐渐了解 CLI 的特性。我们在 GUI 中的大部分操作也可以在 CLI 中完成。通过日常操作，你将会更加熟悉 CLI。

2.1

"黑窗"令人害怕的原因

为什么我们会对"黑窗"感到不适和恐惧？我们来逐一分析原。

2.1.1 一开始对"未知技术"的恐惧

我们通常将"未知技术"视为"未知和不熟悉的事物"，从而本能地对其产生恐惧。此外，恐惧所导致的逃避心理会使我们更加难以摆脱这种恐惧，如图 2.1 所示。

图 2.1 由未知事物造成的逃避心理

消除这种恐惧和焦虑的方法其实很明了，就是调研和理解这些"未知和不熟悉的事物"。

看上去再简单不过了，对吧？但是难就难在，人们面对学习未知技术的挑战时，通常伴有强烈的不安和恐惧情绪。即使是尝试调研和理解新事物，也有一定的心理门槛。

各位读者翻开这本书，就已经向这个"黑窗"的未知领域踏出了探索的第一步。相信读到最后时，各位心中的恐惧感都会消失不见。

2.1.2　无法从显示结果中获得反馈

在 GUI 中，当你点击某个项目时，软件会提供操作结果的可视化反馈，使其易于从直观上理解。相比之下，当你在 CLI 中执行某些操作时，结果以纯文本的形式呈现，不如 GUI 直观易懂。这种直观理解上的困难，加上界面设计上缺乏引导的因素，是造成焦虑的原因之一。

以文件重命名操作为例，感受一下视觉反馈上的差异。在 GUI 的资源管理器中，当你重命名一个文件时，可以直观地确认文件名已经更改。而在 CLI 中，你可以通过输入如下命令修改一个文件的文件名（在 PowerShell 中）。

```
> mv foo.txt foofoo.txt
```
将文件名从 foo.txt 改为 foofoo.txt

现在，文件名应该已经改变了……但是你无法立即在 CLI 上检查文件名是否已被修改。要进行检查，你需要执行另一个命令来显示修改后的文件名。

因此，执行预想中的操作的命令和检查结果的命令可能是分开的。如果不熟悉这一点，就难以摆脱"命令是否真的执行了"的焦虑。

2.1.3　难以读懂错误消息的含义

这里介绍一个与结果反馈有关的重要概念——错误消息，如

图 2.2 所示。错误往往发生在命令使用不正确时,但也可能是其他因素导致的。错误消息大多以英语描述,许多用户对其内容不太理解,有些人面对这些难以理解的消息时有畏难情绪。

```
PS C:\Users\Louis> Get-Date /?
Get-Date : 无法绑定参数"Date"。无法将值"/?"转换为类型"System.DateTime",错误:"该字符
串未被识别为有效的 DateTime。"
所在位置 行:1 字符: 10
+ Get-Date /?
+            ~~
    + CategoryInfo          : InvalidArgument: (:) [Get-Date], ParameterBindingException
    + FullyQualifiedErrorId : CannotConvertArgumentNoMessage,Microsoft.PowerShell.Commands.
GetDateCommand
```

图 2.2 错误消息示例(PowerShell)

此外,有些人可能会消极地看待错误消息,认为这是计算机对自己的"否认"。因此,他们往往不愿意静下心来仔细阅读错误消息。要正确面对错误消息,你需要了解以下两点[1]。

- 错误消息仅仅是对当前情况的描述。
- 错误消息不是胡言乱语,而是有意义的。

发生错误时,正确使用调研命令非常重要。我们将在 2.3 节详细讲解如何了解命令的使用方法。

2.1.4 担心自己的操作会把系统弄坏

接下来讨论的是有些用户因为担心"执行的命令有可能会把什么东西弄坏"而不敢继续操作的情况。这和前面提到的结果反馈有很大关系。

 如果什么反应也没有,我会担心是我搞坏了。

---

[1] 有关错误消息的详情,可参考同系列的《小心没大错!新手程序员排错指南》。

　　GUI 通常会提供关于结果的反馈。由于发生更改的部分从视觉上就能有所察觉，你可以非常直观地了解到更改的结果是否符合预期，甚至将发生更改的部分恢复到之前的状态。

　　另一方面，由于 CLI 提供的结果反馈较少，提前梳理以下内容是十分必要的。

- 如何进行想要的操作？
- 如何检查操作后的状态？
- 操作失败的情况下如何恢复？

如果将其转化为实际的操作流程，一般可以遵循以下四个步骤。

- 检查当前的状态。
- 执行想要的操作。
- 操作以后检查当前的状态。
- 出现失误时进行改正或复原。

我们以重命名桌面上的文件为例进行说明。

■ 显示当前的文件名

　　为了检查当前的状态，先显示"桌面"文件夹下的文件列表。

```
> ls ────────── ls 是用于显示文件各种信息的命令


    目录：C:\Users\Louis\Desktop


Mode                 LastWriteTime         Length Name
----                 -------------         ------ ----
-a----        2024/8/21     11:16              28 foo.txt
```

■ 对文件进行重命名

执行以下命令，将文件名从"foo.txt"改为"bar.txt"。

```
> mv foo.txt bar.txt ●─────────  mv 是用于移动文件或更改文件名的命令
```

■ 显示当前的文件名

接着，为了检查实际的文件名是否更改，再次显示文件列表
并进行检查。

```
> ls
```

```
    目录：C:\Users\Louis\Desktop


Mode                 LastWriteTime         Length Name
----                 -------------         ------ ----
-a----         2024/8/21     11:16             28 bar.txt
```

■ 出现失误时进行复原

如果刚才的文件重命名操作不符合本意，可以将文件名恢复
为原来的"foo.txt"。

```
> mv bar.txt foo.txt
> ls
```

```
    目录：C:\Users\Louis\Desktop


Mode                 LastWriteTime         Length Name
```

```
----          -------------      ------- ----
-a----        2024/8/21    11:16          28 foo.txt
```

这样看来，使用 CLI 操作其实没那么难，关键在于掌握一些检查结果的命令。

2.1.5　担心无法中止操作

在操作过程中陷入困境而不知道如何中止，也可能会让你感到焦虑。

使用 Windows GUI 时，想要提前中止某个出现问题并停止工作，或者需要花费很长时间才能完成操作的应用程序，可以通过任务管理器强制结束进程。

CLI 中同样有强制中止的操作。方法很简单，按快捷键 Ctrl+C 即可。这一组快捷键对于命令提示符、PowerShell 和后面要讲述的 Linux（WSL）均适用。即使 CLI 出了什么问题，看上去无法接受任何键盘输入，你都可以冷静地按下快捷键 Ctrl+C，中止之前的操作。

下面展示一个特殊的中止操作的例子。在 PowerShell 中输入以下命令后，你将不会返回到原来的提示符，无论输入什么都始终显示">>"，无法复原[1]。

```
> echo '
```

---

[1] 其实输入单引号（'）即可复原。这个例子是利用 echo 命令显示带换行符的文本的一个特殊用法。

此时，按下 Ctrl+C，将会显示"**^C**"，并复原。

如果出现问题，请保持冷静，中断处理即可！

2.2

使用命令执行日常操作

使用 GUI 能够完成的操作，绝大多数也能够使用 CLI 完成。GUI 看上去似乎更直观、更容易理解，并且允许你做任何事情。但 CLI 更容易操作、消耗的资源更少，且更容易实现自动化。因此，有经验的用户可能会同时使用 GUI 和 CLI，或者主要使用 CLI。下面，我们来看看如何使用 CLI 执行那些在 GUI 里常见的基本操作。

让我们通过日常操作来习惯 CLI 吧！

2.2.1　关于命令提示符和 PowerShell

具体讲解之前，有必要说明一下：对于每一个 CLI 操作例子，我们将同时给出命令提示符和 PowerShell 的用法。你可能认为针对较新的 PowerShell 来讲解就可以了，但我们这么做是有原因的。首先，两者的区别如下。

■ 命令提示符

- PowerShell 作为后续版本尚在开发中，系统为了与旧版本兼容保留了命令行提示符。不过，许多用户早已习惯了命令行提示符，所以仍然被广泛使用。

■ PowerShell

- 功能强大，但使用不够广泛。

从长远来看，命令行工具转向 PowerShell 是大势所趋。然而，为了涵盖开发现场所需的知识，我们最好对两者都有所了解。

2.2.2 下载示例文件

我们准备了与讲解内容对应的文件，读者可以按需下载或者自行创建相关文件，以便在自己的计算机上实际体验操作。

■ 下载并解压示例文件

读者可根据本书封底提示下载示例文件。

示例文件为 ZIP 格式的压缩包，请解压到你的桌面。准备就绪后，你的桌面上应当能看到一个名为"work"的文件夹。

2.2.3 显示时间

尝试使用 GUI 和 CLI 显示当前时间。

CLI 使用前述命令提示符和 PowerShell，GUI 在 Windows 11 上操作。

■ 用 GUI 操作

在 Windows 中，标准设置下当前时间会显示在屏幕的右下角，如图 2.3 所示。这不需要进行特别的操作。

图 2.3 Windows 11 上显示的当前时间

■ 用 CLI 操作（命令提示符）

命令提示符的启动方法参考上一章。输入以下命令，显示当前时间。

显示时间（命令提示符）

```
> echo %date% %time%
```

按照以下方式修改命令，可以根据需要缩小显示范围，如只显示日期（年月日）或只显示时间（时分秒）。

```
> echo %date%
2024/08/24
```

```
> echo %time%
14:03:35.22
```

■ 用 CLI 操作（PowerShell）

键入以下命令以显示日期和时间，比命令提示符更加简洁。另外，还可以省略"Get-"，只输入"Date"。

```
> Get-Date
```

2.2.4　更改当前目录

下面展示更改当前引用的目录的方法。对于习惯使用 GUI 的用户，"当前目录"是一个不太直观的概念。为此，我们将分别给出 GUI 和 CLI 示例。

■ 用 GUI 操作

在 Windows 系统中，"目录"口头上被称为"文件夹"①。在 GUI 中，"更改目录"相当于在资源管理器中打开任意文件夹。

现在，我们将资源管理器中引用的文件夹改为已经解压到桌面的示例文件所在文件夹（Desktop\work\ch02）。假设你已经打开了资源管理器，那么先点击左侧列表中的"桌面"，然后依次双击文件夹"work"和"ch02"图标即可，如图 2.4 所示。

图 2.4　通过点击图标更改文件夹

你还可以在资源管理器的地址栏输入地址，导航到具体的文件夹。尝试输入以下地址，注意将"[本机用户名]"替换为你登录 Windows 时使用的用户名。

```
C:\Users\[ 本机用户名 ]\Desktop\work\ch02
```

■ 用 CLI 操作（命令提示符）

在命令提示符里，尝试使用 cd 命令更改当前目录②。在 cd

---

① "目录"和"文件夹"两个概念严格来说并不等价。在 Windows 中，除了目录，还有一些特殊功能也以文件夹的形式组织，如控制面板等。

② cd 是 "change directory"（更改目录）的缩写。与其等价的一个命令是 chdir，在命令提示符和 PowerShell 中都可以使用。

后面输入一个或多个英文空格，然后输入想要更改的目录名称。

更改目录（命令提示符）

```
> cd [ 要更改的目录名称 ]
```

例如，要将当前目录改为第 2 章示例文件所在的目录，可输入以下两条命令之一：

```
> cd C:\Users\[ 本机用户名 ]\Desktop\work\ch02
```

```
> cd C:\Users\%USERNAME%\Desktop\work\ch02
```
不清楚用户名时，可用 %USERNAME% 指代

命令执行成功后，提示符将显示更改后的当前目录，如图 2.5 所示。

图 2.5　提示符的显示

顺便一提，%USERNAME% 实际上就是一个环境变量（详见第 1 章的 "专栏" 部分）。我们可以借助这个环境变量查看自己的用户名，命令如下。

查看用户名（命令提示符）

```
> echo %USERNAME%
```

■ 用 CLI 操作（PowerShell）

用 PowerShell 更改当前目录时，和命令提示符一样，使用 **cd** 命令。

更改目录（PowerShell）

```
> cd [ 要更改的目录名称 ]
```

将当前目录改为第 2 章示例文件所在目录的命令如下。

```
> cd C:\Users\$env:username\Desktop\work\ch02
```

不清楚用户名时，可用 $env:username 指代

与命令提示符相同，当命令执行成功后，提示符的内容变为当前目录，如图 2.6 所示。

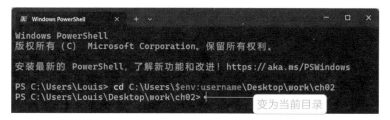

图 2.6　提示符的显示

另外，在 PowerShell 中显示用户名的命令如下。

```
> echo $env:username
```

2.2.5　显示文件列表

尝试显示当前目录的文件列表。

■ 用 GUI 操作

改变目录时，资源管理器会自动显示当前目录的文件列表。文件列表可能以图标或其他形式显示。如果想了解每个文件的详细信息，可以在资源管理器的空白处单击鼠标右键，在弹出的菜单中选择"查看→详细信息"以更改文件列表的显示方式。

■ 用 CLI 操作（命令提示符）

显示文件列表的命令如下。

显示文件列表（命令提示符）

```
> dir
```

执行的结果如下。

```
驱动器 C 中的卷是 Windows
卷的序列号是 C6A3-5484


C:\Users\Louis\Desktop\work\ch02 的目录


2024/08/24  14:17    <DIR>          .
2024/08/24  14:17    <DIR>          ..
2024/08/24  14:17                 0 bar.txt
2024/08/24  14:17    <DIR>          baz
2024/08/24  14:44               173 foo.txt
            2 个文件            295 字节
            3 个目录  855,917,780,702 可用字节
```

结果中包括了各个文件和文件夹的更新日期、时间和大小。标记 <DIR> 表示此项为一个目录而非文件。

■ 用 CLI 操作 (PowerShell)

在 PowerShell 中输入 **Get-ChildItem** 命令，显示文件列表。

显示文件列表 (PowerShell)

```
> Get-ChildItem
```

执行的结果如下。

```
    目录：C:\Users\Louis\Desktop\work\ch02


Mode                 LastWriteTime         Length Name
----                 -------------         ------ ----
d-----         2024/8/24     14:17                baz
-a----         2024/8/24     14:17              0 bar.txt
-a----         2024/8/24     16:26            173 foo.txt
```

我们得到了几乎与命令提示符下相同的执行结果。最大的区别在于目录的表示方式。在 PowerShell 执行结果左侧的"Mode"列，字母"d"表明该项目为一个目录。

PowerShell 的设计类似于我们后面要讲的 Linux Shell，也考虑了对命令提示符的部分兼容。因此，许多 PowerShell 的命令会被赋予别名[1]，以对 Linux Shell 和命令提示符中功能相同或

---

[1] 别名（alias）是为命令创建不同名称的机制。在 PowerShell 中，有一系列预定义的别名可以使用（可使用 Get-Alias 命令查询这些别名），同时允许用户创建新的别名。

相近的命令进行兼容。在 Linux Shell 中，显示文件列表的命令是 `ls`。因此，在 PowerShell 中，可以使用 `ls` 或 `dir` 命令代替 `Get-ChildItem` 命令显示文件列表。

```
> ls

> dir
```

2.2.6 显示文件内容

以文本文件为例，显示指定文件的内容。

■ 用 GUI 操作

在 Windows 系统中，双击文本文件的图标，系统将打开"记事本"，显示文件的内容，如图 2.7 所示。

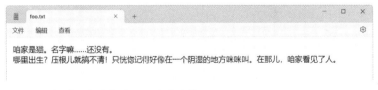

图 2.7 在"记事本"中显示文本文件

■ 用 CLI 操作（命令提示符）

在命令提示符中显示文件内容的命令如下。

显示文件内容（命令提示符）
```
> type [ 要显示的文件名 ]
```

如果文件位于当前目录，则指定文件名即可。如果文件位于其他目录中，则需要指定完整的目录路径，如 C:\Users\% USERNAME%\Desktop\foo.txt。例如，使用本章的示例文件（内容见图 2.7）执行命令的结果如下。

```
> type foo.txt
```

```
C:\Users\Louis\Desktop\work\ch02>type foo.txt
鍜下◆鏄◆枀鉊做悕瀛楄楅鈥ー€ー繕娌℃嶅鉊?
鍝◆嚜鍠虹敤锛熷肀鍙琛劦灏辨悶涓曢芳锛佸或鍞嶕偑瑢板緦濂藉儚鐖尢竨涓◆幔婀跨殑鍘版柟鍜◆捷鎜◆€ 倓濄間 e 劦锛屽揾瀹刓涑瑙很簡浜恒€?
C:\Users\Louis\Desktop\work\ch02>
```

哇，这是什么啊！

糟糕！内容显示为乱码了。这是因为，为了向后兼容，Windows 系统为各种语言采用了与之相关的字符编码，如简体中文 Windows 的字符编码为 CP936 。而现在使用最广泛的字符编码是 UTF-8。命令提示符在默认状态下无法正确显示 UTF-8 编码的文件。

解决方案之一是使用命令更改命令提示符中预设的字符编码设置。首先，使用 chcp 命令查看当前的字符编码。

检查字符编码（命令提示符）

```
> chcp
```

在简体中文 Windows 的命令提示符中，执行结果如下。

―――――――――

1 "CP"是"code page"（代码页）的缩写。Windows 用代码页指代各个国家和地区的字符编码，简体中文的代码页 CP936 几乎等价于 GBK 编码。

```
> chcp
活动代码页：936
```

　　这样，确认了当前使用的字符编码为 CP936。接下来仍然使用 chcp 命令变更字符编码。变更到 UTF-8 编码，需要为 chcp 命令指定参数 65001。参数是用来控制命令的行为的一些额外输入的信息。绝大多数命令都有很多参数，其格式可能是一个指定的值（如 chcp），也可能是以连字符（-）或斜杠（/）开头的字符串。

```
> chcp 65001
Active code page: 65001
```

　　然后，使用 type 命令显示文件内容，结果如下。

```
> type foo.txt
咱家是猫。名字嘛……还没有。
哪里出生？压根儿就搞不清！只恍惚记得好像在一个阴湿的地方咪咪叫。在那儿，咱家看
见了人。
```

　　这次成功显示了文件内容。在 Windows GUI 中，用户可以打开"记事本"并照原样编辑。而 type 命令只具备显示功能。因此，你可以用它安全地浏览文件，而不用担心文件会被意外修改。

第 4 章会具体讲解字符编码的（第 130 页）。

■ 用 CLI 操作（PowerShell）

使用 PowerShell 显示文件内容的命令如下。与命令提示符的 **type** 命令类似，它只能显示文件内容，不能编辑文件。

显示文件内容（PowerShell）

```
> Get-Content -Encoding utf8 [要显示的文件名]
```

和 **Get-ChildItem** 命令类似，**Get-Content** 命令被设计为仿照 Linux 上的操作，并提供了兼容 Linux Shell 命令的别名 cat[①]。

```
> cat -Encoding utf8 foo.txt
咱家是猫。名字嘛……还没有。
哪里出生？压根儿就搞不清！只恍惚记得好像在一个阴湿的地方咪咪叫。在那儿，咱家看
见了人。
```

■ 如何查看非文本文件的内容

以上显示文本文件内容的命令，无法显示非文本格式的文件，如 PDF、Excel 和 Word 等。

在 GUI 中，双击某个文件时，实际上是直接启动了能够打开这类文件的应用程序。而在 CLI 中，查看非文本文件的操作与之类似。在命令提示符中，直接输入文件名即可启动与文件类型关联的应用程序。在 PowerShell 中，有一个专门的命令 **Invoke-Item**，用于启动关联的应用程序。

[①] cat 是 "concatenate"（连接）的缩写。Linux 的 cat 命令也主要用于显示内容，但它还有将多个文件连接在一起显示的功能。

根据文件类型启动应用程序（PowerShell）

```
> Invoke-Item [要显示的文件名]
```

2.2.7 重命名文件

接下来讲解重命名文件的操作。

■ 用 GUI 操作

在 Windows 上，可以使用资源管理器
重命名文件。选择要重命名的文件，右键单
击该文件，在菜单中选择"重命名"，或者
按 F2 键，可重命名文件，如图 2.8 所示。

图 2.8 在资源管理器中
重命名文件

■ 用 CLI 操作（命令提示符）

在命令提示符下，重命名文件的命令如下。

重命名文件（命令提示符）

```
> ren [原文件名] [重命名后的文件名]
```

作为示例，我们尝试将文件"foo.txt"重命名为"foofoo.
txt"。操作完成之后，紧接着执行 dir 命令，以检查重命名是否
按照预期执行。

```
> ren foo.txt foofoo.txt
> dir
驱动器 C 中的卷是 Windows
 卷的序列号是 C6A3-5484
```

```
 C:\Users\Louis\Desktop\work\ch02 的目录

 2024/08/24  22:46    <DIR>          .
 2024/08/24  14:17    <DIR>          ..
 2024/08/24  14:17                0 bar.txt
 2024/08/24  14:17    <DIR>          baz
 2024/08/24  14:22              173 foofoo.txt
                2 个文件            173 字节
                3 个目录 855,742,009,344 可用字节
```

■ 用 CLI 操作（PowerShell）

在 PowerShell 中，重命名文件的命令如下。

重命名文件（命令提示符）

```
> Move-Item [ 原文件名 ] [ 重命名后的文件名 ]
```

这个命令也被设计为仿照 Linux 上的操作，可使用 mv 作为命令的别名。

```
> mv [ 原文件名 ] [ 重命名后的文件名 ]
```

mv 是 "move" 的缩写，既可以重命名文件，也可以移动文件的位置。例如，以下命令会将 bar.txt 移动到名为 "baz" 的目录下。

```
> mv bar.txt baz
> cd baz
```

```
> ls


    目录：C:\Users\Louis\Desktop\work\ch02\baz


Mode                 LastWriteTime         Length Name
----                 -------------         ------ ----
-a----        2024/8/24     14:17               0 bar.txt
```

2.2.8 文件的追加和覆盖

尝试对文件追加内容和覆盖文件。"追加内容"和"覆盖文件"都是在使用 CLI 操作时特有的概念，可能不太好理解。如果使用得当，你将能够更有效地编辑文件。

■ 用 GUI 操作

Windows 里没有专门的"追加"和"覆盖"操作。类似这样的操作可以用"记事本"实现。你可以通过将文本添加到文件末尾来追加内容，或者通过删除原有的文本后重写来覆盖文件。

■ 用 CLI 操作（命令提示符）

在介绍如何在命令提示符下追加和覆盖之前，我们先讲解 echo 命令。该命令用于在屏幕上输出任意文本。我们之前用过它显示当前时间、用户名等信息。

在屏幕上显示文本（命令提示符）

```
> echo [ 要显示的字符串 ]
```

除了显示到屏幕上，echo 命令还可以输出到文件中。你可以利用这个输出功能向文件追加内容或者覆盖文件。这个功能被称为"重定向"（redirect），使用方法为在 echo 命令的格式之后添加" > "，然后指定要重定向的文件。请注意，重定向的文件将被覆盖（原始内容将被删除）。

覆盖文件（命令提示符）

```
> echo [ 用来覆盖的字符串 ] > [ 目标文件名 ]
```

追加内容而不是覆盖文件，要把" > "改为" >> "。

追加内容到文件（命令提示符）

```
> echo [ 用来追加的字符串 ] >> [ 目标文件名 ]
```

包括 echo 命令在内，任何能够在屏幕上显示结果的命令都可以使用重定向功能。使用 CLI 操作时，屏幕上的文本会逐渐增多，旧的内容只能通过滚动查看，甚至直接消失。因此，当你想检查某个命令的执行结果时，往往会找不到需要的内容。为了防止这种情况发生，最好使用重定向将执行结果保存到文件中。

■ 用 CLI 操作（PowerShell）

在 PowerShell 中，重定向功能的使用方法与命令提示符下完全一致。使用 Write-Output 命令输出要覆盖或追加的文本，并指定目标文件名。

覆盖文件（PowerShell）

```
> Write-Output [ 用来覆盖的字符串 ] > [ 目标文件名 ]
```

追加内容到文件（PowerShell）

```
> Write-Output [用来追加的字符串] >> [目标文件名]
```

 我感觉我已经习惯"黑窗"了！

绝对路径和相对路径

本书讲解的很多操作都假定被操作的文件位于当前目录下。然而，使用 CLI 时经常会遇到要操作的文件位于不同目录下的情况。表示不同目录下的文件的方式有"绝对路径"和"相对路径"两种。

作为示例，我们将讲解如何使用 PowerShell 显示位于以下路径的 foo.txt 文件的内容（假定用户名为 Bob）。

```
C:\Users\Bob\Desktop\foo.txt
```

■ 绝对路径

绝对路径是不加省略地从顶级目录到目标文件表达整个路径的一种方式。

如下所示，无论文件存储在何处，你都可以指定文件的完整路径。

```
> cat -Encoding utf8 C:\Users\Bob\Desktop\foo.txt
```

◼ 相对路径

相对路径是描述目标文件相对于当前目录的路径的一种方式。如果目标文件恰好位于当前目录下,则相对路径相当于文件名本身。

```
> cd C:\Users\Bob\Desktop
> cat -Encoding utf8 foo.txt
```

比如,假设当前目录为 C:\Users\Bob。从当前目录向下搜索,文件 foo.txt 位于目录 Desktop 下,所以要指定 Desktop\foo.txt。

```
> cd C:\Users\Bob
> cat -Encoding utf8 Desktop\foo.txt
```

假如当前目录为 C 盘根目录呢? 同理, 相对路径可表示为 Users\Bob\Desktop\foo.txt。

```
> cd C:\
> cat -Encoding utf8 Users\Bob\Desktop\foo.txt
```

使用命令执行日常操作

如果某个命令没有按照预期工作，你需要研究其正确用法，以及排除故障的方法。对此，我们将介绍具体的调查方法。

2.3.1 使用命令的调查方法

不知道某个命令如何使用时，可以用命令来查看。执行时，CLI 上会显示命令的规范和用法。

 我们可以使用命令来查看如何使用命令！

用于查看命令用法的命令列举于表 2.1。表中还列举了我们在后续章节将要介绍的 Linux 命令。你可以使用表中的任何一种命令来查看几乎所有命令的官方信息。

表 2.1　查看命令规格和用法的命令

环　境	命　令	用　途
命令提示符	help	显示命令列表 / 查看命令详情
PowerShell	Get-Command	显示命令列表
PowerShell	Get-Help（可用 help 和别名 man）	查看命令详情
Linux	man	查看命令详情
Linux	info	显示命令列表 / 查看命令详情

■ 命令提示符下的查看方法

在命令提示符下，使用 help 命令可以查看可用命令的列表[①]。

查看可用命令的列表（命令提示符）

```
> help
```

执行结果如下。

要获取某个命令的详细信息，请键入"HELP 命令名"。

ASSOC	显示或修改文件扩展名关联。
ATTRIB	显示或更改文件属性。
BREAK	设置或清除扩展式 CTRL+C 检查。
BCDEDIT	设置启动数据库中的属性以控制启动加载。
CACLS	显示或修改文件的访问控制列表 (ACL)。
CALL	从另一个批处理程序调用这一个。
CD	显示当前目录的名称或将其更改。
CHCP	显示或设置活动代码页数。
CHDIR	显示当前目录的名称或将其更改。

（以下省略）

在 help 命令后指定要查看的命令，就会显示如何使用该命令的详细说明。

```
> help type
```
显示文本文件的内容。————————[命令的说明]

[①] 2.2.6 节讲解的更改代码页的命令会影响 help 输出内容的语言。要恢复成默认的语言（简体中文），可使用 chcp 命令，或关闭并重新启动命令提示符。

```
TYPE [drive:][path]filename ·————————[命令的语法]
```

命令本身也有查看如何使用的参数。以下命令用来查看 type 命令的用法。在命令提示符下，命令统一使用"/?"参数解释命令本身的用法。

```
> type /?
```
显示文本文件的内容。

```
TYPE [drive:][path]filename
```

■ PowerShell 下的查看方法

在 PowerShell 下，可以通过 Get-Command 命令查看可用命令的列表。

查看可用命令的列表（PowerShell）
```
> Get-Command
```

执行结果如下。

CommandType	Name	Version	Source
Alias	Add-AppPackage	2.0.1.0	Appx
Alias	Add-AppPackageVolume	2.0.1.0	Appx
Alias	Add-AppProvisionedPackage	3.0	Dism
Alias	Add-ProvisionedAppPackage	3.0	Dism
Alias	Add-ProvisionedAppSharedPackageContainer	3.0	Dism
Alias	Add-ProvisionedAppxPackage	3.0	Dism

| Alias | Add-ProvisioningPackage | 3.0 | Provisioning |
| Alias | Add-TrustedProvisioningCertificate | 3.0 | Provisioning |

（以下省略）

由于命令数量众多，你可能难以找到你想查看的命令。这时，可以使用通配符缩小查找的范围。通配符是搜索中使用的特殊字符，有两种类型，见表 2.2。

表 2.2　通配符中使用的符号及其含义

通配符	含　义
*	任意一个或多个字符组成的字符串
?	任意一个字符

我们尝试在 Get-Command 命令中使用通配符。如果你记得要搜索的命令以"Get-C"开头，输入"Get-Command Get-C*"将显示所有以"Get-C"开头的命令。

```
> Get-Command Get-C*

CommandType       Name                                Version      Source

-----------       ----                                -------      ------

Function          Get-ClusteredScheduledTask          1.0.0.0      ScheduledTasks

Cmdlet            Get-Certificate                     1.0.0.0      PKI

Cmdlet            Get-CertificateAutoEnrollmentPolicy 1.0.0.0      PKI

Cmdlet            Get-CertificateEnrollmentPolicyServer 1.0.0.0    PKI

Cmdlet            Get-CertificateNotificationTask     1.0.0.0      PKI

Cmdlet            Get-ChildItem                       3.1.0.0      Microsoft.
PowerShell.Management

Cmdlet            Get-CimAssociatedInstance           1.0.0.0      CimCmdlets

Cmdlet            Get-CimClass                        1.0.0.0      CimCmdlets
```

（以下省略）

如果你要找的命令开头是"Get-",后面剩余 4 个字母,那么可以输入"Get-Command Get-????"进行查找。

```
> Get-Command Get-????

CommandType    Name        Version    Source

-----------    ----        -------    ------

Function       Get-Disk    2.0.0.0    Storage

Function       Get-Verb

Cmdlet         Get-Date    3.1.0.0    Microsoft.PowerShell.Utility

Cmdlet         Get-Help    3.0.0.0    Microsoft.PowerShell.Core

Cmdlet         Get-Host    3.1.0.0    Microsoft.PowerShell.Utility

Cmdlet         Get-Item    3.1.0.0    Microsoft.PowerShell.Management
```

 不知道字符数量就用"*",知道字符数量就用"?"。

每个命令的详细信息,可以用 Get-Help 命令查看。根据 PowerShell 规范,可以省略"Get-",将命令简化为 help。它与命令提示符中的 help 命令同名,但功能有差别。单独执行 help 命令将显示 help 命令本身的帮助信息。

```
> help


主题
Windows PowerShell 帮助系统


简短说明
显示有关 Windows PowerShell 的 cmdlet 及概念的帮助。
```

详细说明

"Windows PowerShell 帮助"介绍了 Windows PowerShell 的 cmdlet、函数、脚本及模块，并解释了 Windows PowerShell 语言的元素等概念。

Windows PowerShell 中不包含帮助文件，但你可以联机参看帮助主题，或使用 Update-Help cmdlet 将帮助文件下载到你的计算机中，然后在命令行中使用 Get-Help cmdlet 显示帮助主题。

（以下省略）

与命令提示符类似，如果在 help 命令后指定要查看的命令，则显示如何使用该命令的详细说明。

```
> help cat
名称
    Get-Content

摘要
    Gets the content of the item at the specified location.

语法
    Get-Content [（中间省略）] [<CommonParameters>]


    Get-Content [-Path] <System.String[]> [（中间省略）]
[<CommonParameters>]
```
（以下省略）

Get-Help 命令还提供了更友好的功能：在执行命令时，使用 -Online 参数，通过浏览器能够查看最新版本的更详细说明（图 2.9）。

```
> help -Online cat
```

图 2.9 在线帮助

2.3.2 使用互联网的调查方法

如果你觉得官方文档中的解释很难懂，或者你想要快速了解大概情况，那么使用互联网搜索有关命令的信息不失为一种好办法。我们将讲解如何有效地进行搜索。

■ 搜索的小提示

使用谷歌、百度、必应等搜索引擎搜索命令相关信息时，建议用 Shell 的名称（命令提示符、PowerShell、**bash** 等）或者操作系统名称（Windows 或 Linux 等）作为搜索关键词。

虽然仅限于 Linux，但输入"manpage"而不是 Shell 名称或操作系统名称，更容易找到所需的信息。

```
[Shell 名称或操作系统名称］［想要查找的命令］
```

在某些情况下，如果不输入 Shell 名称或操作系统名称，你可能难以缩小搜索范围。例如,仅搜索"cat",可能会搜到很多关于猫的信息而不是 cat 命令的。

另外还要注意一点,将命令的内容作为关键字搜索时,请避免将以"−"开头的命令参数直接作为关键词。因为,在谷歌等搜索引擎的关键字语法中,关键词以"−"开头意味着在搜索结果中排除该关键词。

我们来看一个例子。以下是一个在 PowerShell 中输出文件名列表的命令。其中,-Filter 参数用于筛选具有 .txt 扩展名的文件。

```
> Get-ChildItem -Filter *.txt
```

查找该命令和参数的含义时,如果将以上命令原样输入到搜索引擎,那么包含"Filter"的搜索结果会被过滤掉。因此,正确的做法是去掉命令参数里开头的"−",使用以下关键词进行搜索。

```
Get-ChildItem Filter
```

■ 按照目的收集信息

在 CLI 中,执行某些操作的方法和检查状态的方法可能分别是独立的命令。使用以下方法搜索,能更有针对性地获取你想要的信息。

[Shell 名称或操作系统名称] [想要执行的任何操作] 如何执行

[Shell 名称或操作系统名称] [想要查看的任何状态] 如何查看

搜索可能会返回多个结果,但不要只参照其中一个,应尽可能查看足够多的网站,以确保信息准确性。

## 第 3 章

Linux 命令的世界

顺便一提

小马对 Linux 知道多少呢？

嗯啊！

我以前倒是听说过 Linux……

CLI 只有在 Linux 上才能发挥全部的价值，熟悉它们没坏处的！

哇……

比如，grep 就是 Linux 下非常好用的一个命令。

grep？

grep 能够根据指定的字符串进行查找。

字符串查找

……的话……

那它能不能让错误日志的查找变得容易呢？

你不会是在"目视 grep"吧……

是……

"目视 grep"
- 用肉眼进行 grep
- 非常烦琐

Linux 是全球使用最广泛的操作系统之一，其应用场景覆盖了服务器、云计算、智能手机、游戏机和嵌入式系统等。

命令相关的知识对于掌握 Linux 至关重要，灵活运用命令有助于你高效执行各种操作，如操作文件和目录、运行程序、配置操作系统等。

因此，本章将讲解高频使用 CLI 操作的 Linux 系统及其命令，并体验一些实际操作。

对读者来说，一旦掌握了 Linux，那些看上去令人生畏的黑白界面实际上会成为非常有用的工具。让我们一起走进 Linux 命令的世界吧！

3.1

什么是 Linux

　　不知道读者是否听说过 Linux？它是一种开源的操作系统。如果拿它和 Windows 及 macOS 类比，相信大家就容易理解了。另外，Linux 经常使用 CLI 操作，因此和本书的主题也有十分紧密的联系。

　　我们日常使用的计算机和其他设备都在使用 Linux，只是我们没有充分意识到，如图 3.1 所示。使用智能手机购物、支付、浏览互联网的场景已融入我们的生活，而这些都依赖于 Linux 的支持。

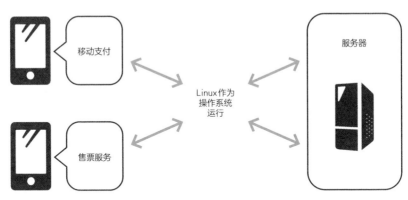

图 3.1　Linux 在日常生活中的应用

正因为如此，使用 Linux 已成为计算机系统和服务开发的主流，许多基于云计算的 SaaS[1] 服务也运行在 Linux 上，如图 3.2 所示。

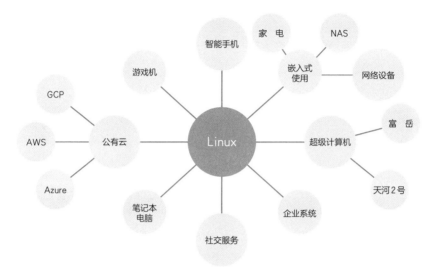

图 3.2　Linux 服务于日常生活的各方面

 令人惊讶的是，它在很多地方都有应用。

智能手机也出现在了图 3.2 中。有些人可能会想："智能手机的操作系统不是 iOS 和 Android 吗，和 Linux 有什么关系？"出现这些分歧的原因之一是"操作系统"一词具有广泛的含义，有狭义和广义之分，如图 3.3 所示。

---

① SaaS：software as a service，软件即服务。这类在线服务允许你通过互联网使用指定的软件功能，而无须操心操作系统、中间件等基础设施。

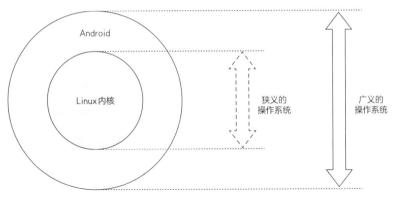

图 3.3 "操作系统"的含义

注意，"操作系统"这个词有几种不同的理解方式。

■ 狭义的操作系统

正如前两节所述，一个操作系统包含许多软件，其中最重要的是操作系统的内核。狭义的"操作系统"指的就是这个内核。在许多口头和书面语境中，"操作系统是 Linux"的实际含义为操作系统的内核是 Linux 内核。

■ 广义的操作系统

回到操作系统包含许多软件这一点，内核本身无法执行任何实际操作，因此需要包括 Shell 在内的各种软件。将所有这些软件捆绑在一起以便于使用的操作系统，正是广义的"操作系统"。

对于 Linux，各种公司和组织提供了多种用途的软件捆绑包，称为"Linux 发行版"。Android 在某种意义上可以视为一个 Linux 发行版。因此，"操作系统是 Android"这句话在具体语境中指的是 Linux 发行版。换言之，"操作系统是 Linux"和"操作系统是 Android"这两句话都是正确的，但其含义要根据上下文来判断。

Linux 发行版众多，难以全部跟踪。表 3.1 介绍了当前流行的一些发行版。

表 3.1　当前流行的 Linux 发行版

发行版	说　明
Android	谷歌开发的移动操作系统
ChromeOS	谷歌开发的适合浏览网页和运行 Web 应用程序的操作系统
Debian	由 Debian 项目社区创建的 Linux 发行版
Ubuntu	基于 Debian 的发行版，由 Canonical 支持开发
Red Hat Enterprise Linux	由 Red Hat 开发和销售的商业用途 Linux 发行版
Fedora	由 Red Hat 支持的 Fedora 项目开发的 Linux 发行版
CentOS Stream	由 CentOS 项目开发并受到 Red Hat 支持的 Linux 发行版
AlmaLinux	由 CloudLinux 开发的兼容 Red Hat Enterprise Linux 的发行版
RockyLinux	由 Rocky Enterprise Software Foundation 开发的兼容 Red Hat Enterprise Linux 的发行版
Amazon Linux	由亚马逊云服务（AWS）提供的 Linux 发行版

为什么命令不是统一的

在上一章中，我们实际使用命令提示符和 PowerShell 执行了一些操作。读者应该对它们在同一事项下执行不同命令这一点有一定印象。本章介绍的 Linux 也是如此。为什么各个操作系统的命令差异如此之大？我们将探讨造成这种情况的历史背景。

要是每个人都可以使用相同的命令，效率一定会更高吧。

这与操作系统的演化过程有关。

目前的操作系统有 Windows、Linux、macOS 等许多种。它们并不是完全从头创建的，而是参考或借鉴了当时存在的其他操作系统。因此，有些操作系统在整个演化过程中处于"祖先"的地位，而操作系统的演化过程可以像进化树一样表示，如图 3.4 所示。

其中，Unix 操作系统可以说是后来开发的多种操作系统的鼻祖。在操作系统发展的早期，许多操作系统在很大程度上受到了更早开发的 Unix 的影响。大量受 Unix 影响的操作系统以各种方式发展，有些遵循原有的规范，有些则独立开发。让我们聚焦于现在常用的一些操作系统，看看它们是如何演化的。

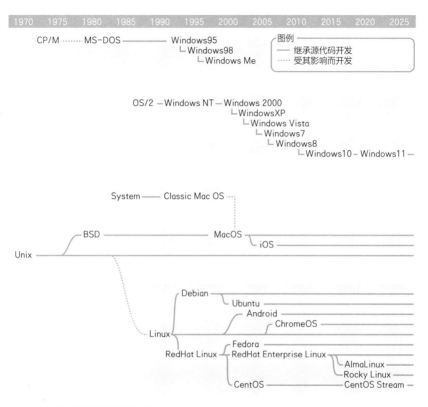

图 3.4　操作系统的演化过程

■ macOS

早期的 Classic Mac OS（最初名为 System Software）是
在 Unix 系列之外独立创建的。但从 Mac OS X 版本开始，该系统
开始基于 BSD 系列 Unix 系统进行开发。因此，在 CLI 操作方
面，该系统与 Unix 是等效的。当前的 macOS 已成为常用的消费
者版本 Unix 操作系统。

■ Linux

Linux 是由 Linus Torvalds 从头开始创建的一个操作系统，

实现了对 Unix 的兼容。虽然源代码并不来自 Unix，但它在创建时考虑到了兼容性，因此在 CLI 操作上和 Unix 几乎没有区别[1]。

■ Windows

Windows 的情况稍微复杂一些。微软最早参考受 Unix 启发的 CP/M 操作系统而创建了 MS-DOS。在这个时间点，它相对于 Unix 有一些距离，但有着独特的操作体验。作为 MS-DOS 的后继，微软和 IBM 共同开发了 OS/2，并在此基础上发展出了 Windows NT 系列，直到今日的 Windows 11。为了保持兼容性，Windows 11 能够执行与 MS-DOS 类似的操作，正如我们之前演示的那样。

以上就是各种操作系统的兼容性不同的原因。

---

[1] 严格来说，某些命令的选项和范式可能有所不同。这些差异主要取决于是否使用了所谓的 GNU 软件。

如何在不同的操作系统上执行相同操作

Unix 诞生后不久，出现了维持操作系统之间兼容性的标准化行动，最终建立了被称为 POSIX 的规范。

P、POSIX……

3.3.1 什么是 POSIX

POSIX 对 Shell、命令和源代码规范（API）进行了规范，只要系统符合 POSIX 的要求，就可以在该系统上使用一致的 Shell 和命令。表 3.2 列出了各个操作系统的 POSIX 规范符合情况。

表 3.2 各个操作系统符合 POSIX 的情况

操作系统	符合 POSIX 的情况
macOS	符合 POSIX 规范（通过 IEEE 组织认证）
Linux	部分符合 POSIX 规范（取决于 Linux 发行版，不是全部符合）
Windows	不符合 POSIX 规范

虽然 Windows 不符合 POSIX 规范，但 Windows 10 及以后的版本提供了一项兼容 POSIX 的功能——WSL（Windows Subsystem for Linux，用于 Linux 的 Windows 子系统）。

包括 Windows 在内的主流操作系统逐渐朝着符合 POSIX 规范或提供兼容 POSIX 规范的功能这一方向发展，如图 3.5 所示。假设用户有机会使用一款不太熟悉的操作系统，只要它符合或兼容 POSIX 规范（macOS，Linux，Windows 上的 WSL，或其他基于 Unix 的操作系统），那么不需要额外的学习就能上手。

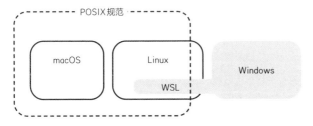

图 3.5　各个操作系统与 POSIX 规范的关系

记住，不同操作系统的兼容性是不同的。

3.3.2　POSIX 规范以外的功能扩展

使用任一种符合 POSIX 规范的环境，都可以在其中使用 CLI 执行相同的操作。在 Linux 或 macOS 上，只需启动终端模拟器，即可进入这样的环境。在 Windows 上，可以通过安装 WSL 来完成相同的操作。

然而，严格来说，各种环境在以下两方面存在一些差别。不过，你可以通过更改配置来执行相同的操作。

■ Shell 可能存在差异

不同的操作系统，初始安装的 Shell 可能有所不同。不同的 Shell 支持不同的命令（称为内置命令或内部命令）和语法。

因此，本书后面的章节将要讲述的 Shell 脚本，在不同 Shell 中的编写方式也会有所差异。有些人会问："即使在符合 POSIX 的环境中，这也会有区别吗？"尽管 POSIX 规范是一致的，但每个 Shell 提供的扩展功能不尽相同。当然，将操作限制在 POSIX 规范之内，将既缺乏效率，也不现实。想要有效利用 Shell 的扩展功能，同时在不同环境中实现统一操作，一个方法是使用相同的 Shell。

　　当前，许多 Linux 发行版默认使用 bash 作为 Shell。因此，如果你始终使用 bash，则无须了解各种 Shell 在功能上的差异。本书选择使用 bash 来讲解 WSL 上的操作 [①]。

什么是 bash

　　与 Windows 不同，Unix 和 Linux 提供了多种多样的 Shell。这是因为人们在开放的 Shell 源代码上进行改进，或者以其为参考创建了新的代码。

　　正如操作系统有"祖先"，某些 Shell 也有"祖先"。bash 的全称是 Bourne-again Shell，顾名思义，它是对 Bourne Shell 的改进。Bourne Shell 是 bash 以及 dash 和 zsh 等 Shell 的祖先。每个 Shell 在可操作性、功能、多样性和语法等特性上存在差异。表 3.3 列出了 Linux 上可用的主要 Shell。

表 3.3　Linux 上可用的主要 Shell 列表

Shell 名称	概　述
tcsh	使用类似 C 语言的语法的 Shell
dash	在 Debian 和 Ubuntu 等发行版上使用的一个轻量级 Shell
bash	当前使用广泛的功能强大的 Shell
zsh	被 macOS 默认采用的功能强大的 Shell
fish	强调语法清晰和用户友好的 Shell

[①] macOS 使用 zsh 而不是 bash 作为默认 Shell，但用户可以切换到 bash。

当你习惯了 CLI 操作后，找到一个适合自己的 Shell 可能会很有意思。顺便，你可以使用以下命令检查当前使用的 Shell。

```
$ echo $0
-bash
```

■ 是否使用 GNU 软件

我们在 3.1 节解释了广义操作系统的概念。操作系统的内核本身无法进行实际操作，因此需要包括 Shell 在内的各种软件，如图 3.6 所示。在 Linux 中，这类软件是由一个名为 GNU[1] 的项目开发的。

GNU 项目开发基于 Unix 的操作系统及与 Linux 相关的软件，并以自由软件的协议发布。该项目的愿景是创建仅由自由软件构成的操作系统。

Linux 使用了 GNU 项目的软件，大多数用于 CLI 操作的常用命令就是由 GNU 创建的。

另一方面，由 Unix 发展而来的 macOS 并没有预装 GNU 标准软件，因此在常用命令的规范上存在一些差异。与 Shell 的情况类似，它们在 POSIX 规范内的功能点是一致的，但在每个命令的扩展功能上却存在差异。这些差异可以通过后期安装 GNU 版本的软件来消除。

---

[1] 读作"格奴"。

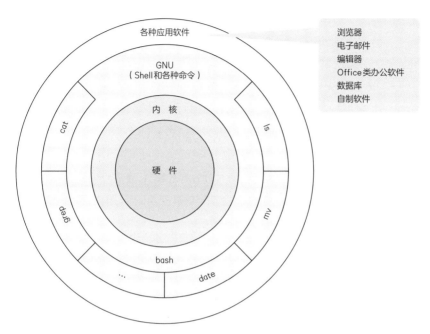

图 3.6 GNU 的覆盖范围

3.4

使用 WSL

在 Windows 和 macOS 系统中，绝大部分功能都可以通过 GUI 操作，使用 CLI 操作的机会相对较少。日常，其用户通常也会避免使用 CLI 操作。相反，在 Linux 系统（或基于 Unix 的操作系统）中，使用 CLI 操作的机会非常多。Linux 提供了许多有用的命令，非常适用于学习 CLI 操作。

随着技术的发展，安装和使用 Linux 的障碍不再像过去那样高了。你可以轻松地在现有的 Windows PC 上使用它，而无须为安装 Linux 或重装现有系统而准备新的 PC。

 在 Windows 上运行 Linux……现在可以做到了！

3.4.1 准备环境

我们现在准备在 Windows PC 上安装一个运行 Linux 的环境。在 Windows 上安装 Linux 运行环境的方法有多种，本书将介绍 WSL 的安装，这是一种相对简单易用的方案。

WSL（Windows Subsystem for Linux，用于 Linux 的 Windows 子系统）是新版本 Windows 提供的标准功能，无须额外付费。WSL 有 WSL1 和 WSL2 两个版本，本书基于 WSL2 进行讲解。除非有特殊情况，否则我们推荐使用 WSL2（这是默认使用的版本）。我们将使用 WSL2 安装 Ubuntu——这是一个流行的 Linux 发行版。

Ubuntu 发行版会经常更新。本书内容是基于 Ubuntu 24.04 LTS 版本编写的，但在任何通用的 Linux 发行版中都能复现。读者安装最新版本即可。

3.4.2 通过 WSL 安装 Ubuntu

官方的帮助文档可以通过以下链接获取，本书将分步骤讲解一些要点。

https://learn.microsoft.com/zh-cn/windows/wsl/install

■ （1）以管理员权限启动 PowerShell

在"开始"菜单的搜索框输入"powershell"，在显示的搜索结果中点击"以管理员身份运行"，如图 3.7 所示。

图 3.7　通过搜索框找到 PowerShell，并以管理员权限启动

■ （2）检查要安装的 Linux 发行版

在启动的终端模拟器中输入以下命令，然后按回车键。wsl 是安装、配置和操作 WSL 环境的命令。

```
> wsl -l -o
```

wsl 命令的 -l 参数用来显示可安装的 Linux 发行版列表，-o 参数表示通过互联网获取最新的发行版列表信息。

命令执行结果如下。请检查"NAME"列是否有"Ubuntu"。

```
> wsl -l -o
```
以下是可安装的有效发行版列表。

使用 'wsl.exe --install <Distro>' 安装。

```
NAME                            FRIENDLY NAME
Ubuntu                          Ubuntu
Debian                          Debian GNU/Linux
kali-linux                      Kali Linux Rolling
Ubuntu-18.04                    Ubuntu 18.04 LTS
Ubuntu-20.04                    Ubuntu 20.04 LTS
Ubuntu-22.04                    Ubuntu 22.04 LTS
Ubuntu-24.04                    Ubuntu 24.04 LTS
OracleLinux_7_9                 Oracle Linux 7.9
OracleLinux_8_7                 Oracle Linux 8.7
OracleLinux_9_1                 Oracle Linux 9.1
openSUSE-Leap-15.6              openSUSE Leap 15.6
SUSE-Linux-Enterprise-15-SP5    SUSE Linux Enterprise 15 SP5
SUSE-Linux-Enterprise-15-SP6    SUSE Linux Enterprise 15 SP6
openSUSE-Tumbleweed             openSUSE Tumbleweed
```

■ （3）安装指定的 Linux 发行版

输入以下命令，然后按回车键。

```
> wsl --install -d Ubuntu
```

　　-d 参数后指定了发行版的名称"Ubuntu"。你也可以指定第（2）步列出的其他发行版。为了匹配本书使用的环境，建议指定"Ubuntu"[①]。

　　在安装过程中，系统会提示你输入 Ubuntu 的用户名（Enter new UNIX username:）。你可以设置任意用户名，该用户名和你的 Windows 用户名无关。

```
> wsl --install -d Ubuntu
正在安装 : Ubuntu
已安装 Ubuntu。
正在启动 Ubuntu...
Installing, this may take a few minutes...
Please create a default UNIX user account. The username
does not need to match your Windows username.
For more information visit: https://aka.ms/wslusers
Enter new UNIX username: ──────────[ 输入用户名后按回车键 ]
```

　　接下来，系统会提示你输入密码，你可以任意设置。该密码与 Windows 密码无关。为了防止密码泄露，在你输入密码时屏幕上不会反映任何输出。你需要重复输入两次相同的密码，以确保没有拼写错误。

```
New password: ──────────[ 设定密码，然后按回车键 ]
Retype new password: ──────────[ 再次输入相同密码，然后按回车键 ]
```

[①] 除了"Ubuntu"，第（2）步还列举了一些固定版本的 Ubuntu 发行版，如 Ubuntu-24.04 等。WSL 中的 Ubuntu 版本会随着每年的发行而更新。——译者注

最后，显示以下消息，安装进程结束且接受新的输入时，说明安装成功。此时可退出 PowerShell。

```
Installation successful!
```

安装成功了！现在我们来进行一些简单的设置。

■ （4）启动 Ubuntu 的终端模拟器

回到"开始"菜单，在搜索框中输入"ubuntu"，然后从显示的结果中找到并点击"打开"，如图 3.8 所示。此时，终端模拟器将启动。

Ubuntu
应用

⬀ 打开
🗗 以管理员身份运行
✧ 固定到"开始"屏幕
✧ 固定到任务栏
⚙ 应用设置
☆ 打分并评价
🖅 共享
🗑 卸载

图 3.8　通过搜索框找到 Ubuntu 并启动

终端模拟器显示的内容如图 3.9 所示。

图 3.9　启动时终端模拟器显示的内容

终端里显示了提示用户输入的提示符。默认的提示符结构如下。

提示符

[刚才设置的用户名]@[用户的计算机名]:[当前目录名]$

其中，"[当前目录名]"用"～"表示。这是一个特殊的表示方式，用来指代用户的主目录。主目录是每个用户的起始位置，路径通常是"/home/[用户名]"。

■ （5）更新和升级软件包

输入以下命令，更新系统并升级软件包[1]。这个操作相当于 Windows 系统中的"Windows 更新"（Windows Update）。这里，Ubuntu 需要和 Windows 分开更新。执行该命令时会要求你输入密码，请输入之前步骤中设置的密码。执行后将开始更新流程。sudo 是一个允许普通用户临时以 root 权限执行程序的命令，有关 root 权限的详细内容请参考本节末尾的"专栏"。

```
$ sudo apt update && sudo apt -y upgrade
```

---

[1] 使用 apt 命令更新和升级 Ubuntu 的软件包时，会通过互联网访问 Ubuntu 官方的软件仓库。如果访问有困难，可以修改配置来访问国内的镜像仓库，如清华大学 TUNA 镜像仓库。配置方法可参考 https://mirrors.tuna.tsinghua.edu.cn/help/ubuntu/。——译者注

■（6）安装中文语言包

为 Ubuntu 安装中文语言包。在一台新 PC 上安装 Linux 发行版，通常会有选择语言并安装对应语言包的步骤，但 WSL 上的 Ubuntu 只能手动安装。

```
$ sudo apt -y install language-pack-zh-hans
```

接着，将区域环境（**locale**）设置为中文。区域环境是与用户的语言和区域相匹配的一系列项目配置，包括日期、时间、货币等。

```
$ sudo update-locale LANG=zh_CN.UTF8
```

然后，退出 Ubuntu 的终端模拟器并重新进入。输入以下命令，退出 Ubuntu 的终端模拟器。

```
$ exit
```

退出后，按照第（4）步的方法再次启动终端模拟器。

最后，安装中文版命令帮助手册。至此，你已经拥有了一个用起来没有问题的环境。

```
$ sudo apt -y install manpages-zh
```

■（7）安装一些方便的命令

再安装一些在日常任务中好用的命令。输入以下内容，可一次性安装多个命令。这些命令将在本书第 4 章及后续章节中使用。

```
$ sudo apt -y install zip unzip ncal dos2unix uchardet
```

表 3.4 介绍了这些命令的基本功能。其中，**cal** 命令较为特殊，它的安装包名称（ncal）和实际执行命令的名称不一样，其他一些命令也存在这种情况。

表 3.4 安装的一些命令

命 令	功 能
zip	压缩为 ZIP 格式的压缩文件
unzip	解压 ZIP 格式的压缩文件
cal	显示日历
dos2unix	文件换行符（CR+LF/LF）的转换
uchardet	检查文件的字符编码

请注意，某些命令需要提前安装。

■ （8）更新 Ubuntu 到最新版本

最后，我们介绍一下将 Ubuntu 更新到最新版本的步骤。这些步骤不是必需的，如果你使用的就是最新版本，则不必执行这些步骤。更新需要花费一些时间，有兴趣的读者不妨一试（不影响本书讲解的内容）。

先安装升级发行版所需的软件包。

```
$ sudo apt dist-upgrade && sudo apt -y install update-
manager-core
```

　　然后，输入以下命令以升级发行版。升级过程中有一些需要用户确认的步骤，请按照屏幕上的说明操作。

```
$ sudo do-release-upgrade -d
```

　　升级完成后，退出终端模拟器并重新启动。此时，Ubuntu 便更新到最新版本了。

　　输入 cat /etc/os-release 以检查 Ubuntu 的版本信息。以下是笔者编写本书时的环境中的执行结果。随着 Ubuntu 发行版定期更新，该命令的执行结果可能会有所不同。

```
$ cat /etc/os-release
PRETTY_NAME="Ubuntu 24.04 LTS"
NAME="Ubuntu"
VERSION_ID="24.04"
VERSION="24.04 LTS (Noble Numbat)"
VERSION_CODENAME=noble
ID=ubuntu
ID_LIKE=debian
HOME_URL="https://www.ubuntu.com/"
SUPPORT_URL="https://help.ubuntu.com/"
BUG_REPORT_URL="https://bugs.launchpad.net/ubuntu/"
PRIVACY_POLICY_URL="https://www.ubuntu.com/legal/terms-and-
policies/privacy-policy"
UBUNTU_CODENAME=noble
LOGO=ubuntu-logo
```

终于完成设置了！试着用一下吧！

关于 root（系统管理员权限）

Ubuntu 和其他 Linux 发行版使用 root 权限（系统管理员权限）进行安装和配置。root 是默认的系统管理员账号，拥有普通用户无法企及的更改权限，可以查看、编辑和删除所有文件。因此，存在因操作错误而损坏系统的风险。

sudo 命令允许普通用户临时以 root 权限执行程序。执行 sudo 命令时要格外小心。

3.5

Linux 命令使用实战

我们正式开始操作 Linux。先尝试和在命令提示符以及 PowerShell 中相同的操作。虽然命令名称不同，但你会能发现它们本质上做了相同的事情。

Linux 除了有很多好用的命令，还有一些实用的技巧（语法），下面一并讲解。

在 Linux 上可以执行和其他操作系统一样的操作。

3.5.1 执行和命令提示符相同的操作

再次启动 Ubuntu 的终端模拟器。在"开始"菜单的搜索框

WSL
系统

☐ 打开
☐ 以管理员身份运行
☐ 打开文件位置
☆ 固定到"开始"屏幕
☆ 固定到任务栏
☐ 卸载

图 3.10　通过 WSL 启动 Ubuntu

中，搜索"ubuntu"并点击，或者直接输入"wsl"来启动它，如图 3.10 所示。

顺便，退出终端模拟器的方法有很多种，列举如下。你可以按照自己的喜好选择一种方法。

- 输入 exit 命令。
- 输入 logout 命令。
- 按快捷键 Ctrl+D。

● 点击终端模拟器窗口右上角的"×"按钮关闭窗口。

那么，让我们尝试一些在第 2 章中练习过的操作。下面讲解的操作均假设在示例文件目录"ch03"下进行（如何移动到该目录会在后续内容中讲解）。相关示例文件及下载链接，请参考 2.2 节。

■ 显示时间

输入以下命令，显示当前时间。

显示时间

```
$ date
```

■ 更改当前目录

更改当前目录的命令为 cd，和命令提示符及 PowerShell 中的命令同名。

更改当前目录

```
$ cd [ 要更改的目录名称 ]
```

但是要注意，Windows 的目录表示方式和 Linux 有很大差别。例如，直接输入以下命令将会出错。

```
$ cd C:\Users\Louis\Desktop
-bash: cd: C:UsersLouisDesktop: 没有那个文件或目录
```

Windows 系统为硬盘、U 盘、光驱等设备分配了一系列盘符，如 C 盘、D 盘等。Linux 中不存在"盘符"概念，所有内容都组织在统一的目录结构下，以根目录"/"开头。WSL 为我们提供了在 Linux

中访问 Windows 文件的能力，但如何表示 C 盘、D 盘等盘符呢？答案是，它们各自与指定的目录相关联，如 C 盘关联到目录 /mnt/c。

我们基于这个目录结构，将当前目录更改为第 3 章示例文件所在的文件夹。在以下命令中，请将"[本机用户名]"替换为你的 Windows 用户名。注意，Linux 使用的目录分隔符与 Windows 不同，需要把"\"替换为"/"。

```
$ cd /mnt/c/Users/[ 本机用户名 ]/Desktop/work/ch03
```

这里提供一个较特殊的技巧，执行以下命令时，括号中的内容将替换为 Windows 用户名。

```
$ cd /mnt/c/Users/$(whoami.exe|cut -d\\ -f2|tr -d \\r)/
Desktop/work/ch03
```

除此之外，你也可以在 Windows 中访问 Linux（Ubuntu）的目录。打开资源管理器，查看是否有显示 Linux 文件和目录的地方，如图 3.11 所示。

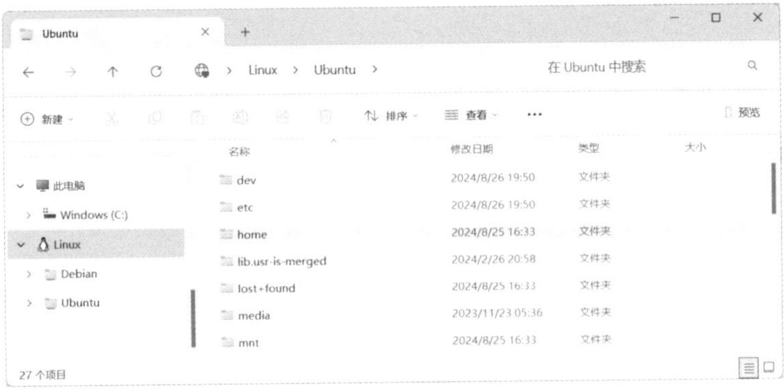

图 3.11　在资源管理器中查看 Linux 文件

■ 显示文件列表

输入以下命令，显示文件列表。

显示文件列表

```
$ ls
```

在示例文件的目录中执行的结果如下。

```
我是猫 .txt   access.log   bar.txt   baz   foo.txt   fruit.txt
```

要显示更新时间、文件大小等详细信息，添加 -al 参数即可。

```
$ ls -al
总计 1200
drwxrwxrwx 1 louis louis    4096  8月 26 20:13 .
drwxrwxrwx 1 louis louis    4096  8月 26 09:52 ..
-rwxrwxrwx 1 louis louis 1120747  8月 26 20:42 我是猫 .txt
-rwxrwxrwx 1 louis louis  104285  5月  2  2023 access.log
-rwxrwxrwx 1 louis louis       0  1月 24  2024 bar.txt
drwxrwxrwx 1 louis louis    4096  1月 24  2024 baz
-rwxrwxrwx 1 louis louis     252  8月 26 20:56 foo.txt
-rwxrwxrwx 1 louis louis      29  5月  2  2023 fruit.txt
```

■ 显示文件内容

输入以下命令以显示文件内容。在命令提示符和 PowerShell 中，你需要注意字符编码的问题。而 Ubuntu 默认使用标准的 Unicode（UTF-8）编码，无须任何特殊参数即可显示示例文件中的内容。

显示文件内容

```
$ cat [要显示的文件名]
```

■ 重命名文件

输入以下命令以重命名文件。

重命名文件

```
$ mv [原文件名] [更改后的文件名]
```

mv 命令除了能够重命名文件，还能够移动文件的位置。例如，输入以下命令将 foo.txt 文件移动到 baz 文件夹中。

```
$ mv foo.txt baz
$ cd baz
$ ls
foo.txt
```

■ 文件的追加和覆盖

在讲解文件的追加和覆盖之前，有必要介绍一下 echo 命令。该命令和命令提示符及 PowerShell 中的命令同名，用来在屏幕上显示任意文本。

显示任意文本

```
$ echo [要显示的字符串]
```

与命令提示符和 PowerShell 类似，Linux 也有重定向的机制。覆盖文件时，在"＞"后面指定要覆盖的文件名。

覆盖文件

```
$ echo [用来覆盖的字符串] > [目标文件]
```

要向文件追加内容时，在"＞＞"后面指定要追加的文件名。

■ 向文件追加内容

```
$ echo [用来追加的字符串] >> [目标文件]
```

3.5.2　查找命令的方法

在 Linux（Ubuntu）中，有多种查找命令的方法。

■ apropos 命令

Linux 包含的命令如此繁多，很容易忘记要用哪一个。在这种情况下，apropos 是一个方便的查找命令。在 apropos 命令的参数中指定查找的关键词，它将查找相关的命令。

查找命令

```
$ apropos -s1 [搜索关键词]
```

例如，与"复制文件""拷贝文件"有关的命令查找方法如下。

```
$ apropos -s1 文件      -a 复制
cp (1)                  - 复制文件和目录
install (1)             - 复制文件并设置属性
scp (1)                 - 安全复制（远程文件复制程序）
```

```
$ apropos -s1 文件    -a 拷贝
dd (1)                      - 转换和拷贝文件
```

　　结果显示了"复制文件""拷贝文件"相关的候选项。到这
一步,你也许能够从中找到你想要使用的命令了。apropos命令
的 -s1 参数用来缩小查找范围。实际上,apropos 命令还可以让
用户查找操作系统规范及编程的相关信息。本书的示例只考虑了
命令查找,排除了其他信息。

　　-a 参数表示"AND"。以上用法表示查找同时和"文件"
"复制 / 拷贝"有关的命令。如果没有 -a 参数,则表示查找有关
"文件"或"复制 / 拷贝"的命令,将会显示更多的候选项。

```
$ apropos -s1 apro
apropos (1)                 - 搜索手册页名称和描述
```

■ man 命令

　　Linux 系统中可用命令的详细信息,可使用 man 命令查看。

查看命令用法
```
$ man [ 想要了解用法的命令 ]
```

　　图 3.12 显示了查看 ls 命令用法的例子。

　　不同于 cat 命令在显示结果后直接退出,man 命令可以接受
用户对显示内容的操作。借助一系列操作方法,你可以轻松地找
到你想要的信息。刚上手时你可能还不太习惯,但只要掌握表 3.5
中的操作,就不会有什么问题了。

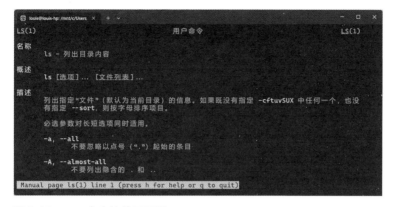

图 3.12 man 命令的使用示例

表 3.5 常用的 man 命令操作按键

操作按键	意 义
h	显示用法说明
q	退出 man 命令
↓ 或 e 或 j	向下滚动一行
↑ 或 y 或 k	向上滚动一行
/	文档内搜索（在后面输入搜索关键词）
n	显示搜索结果的下一个候选项
N	显示搜索结果的上一个候选项

■ info 命令

info 命令也能用来查看命令详细信息。

查看命令用法

```
$ info [ 想要了解用法的命令 ]
```

使用 info 命令查看 ls 命令用法的示例如图 3.13 所示。

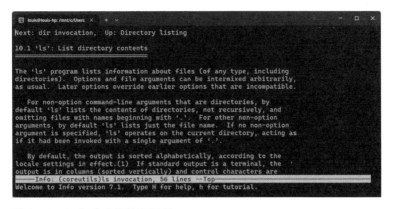

图 3.13　info命令的使用示例

info命令的执行结果不像 man 命令那样有中文翻译。和 man 命令类似，info命令也支持各种操作方法。在上手之前，可以先记住表 3.6 中的操作，以便轻松查找信息。

表 3.6　常用的 info 命令操作按键

操作按键	意　义
h	显示用法说明
q	退出 info 命令
↓	向下滚动一行
↑	向上滚动一行
/ 或 s	文档内搜索（在后面输入搜索关键词）
}	显示搜索结果的下一个候选项
{	显示搜索结果的上一个候选项

man 和 info 这两个功能相近的命令同时存在是历史遗留问题。man 命令是随着 Unix 系统出现的，历史更久。当前，man 命令包含在 POSIX 规范中，因此可以在任何符合 POSIX 规范的环境中使用。info 命令是 GNU 开发的，可以在大多数 Linux 系统中使用。日常使用时，你可以根据自己的喜好任选一个。

■ 命令的 --help 参数

除了以上方法,还有一个参数可以查看单个命令的使用方法。为某个命令添加 --help 参数 [①],即可查看该命令的简单用法。

```
$ cat --help
用法:cat [选项]... [文件]...
连接一个或多个 <文件> 并输出到标准输出。

如果没有指定"<文件>",或者"<文件>"为 "-",则从标准输入读取。
(以下省略)
```

[①] 个别命令没有提供查看用法的参数,或者参数的形式不是 --help。

3.6

命令的连接

我们介绍一种非常方便的 Linux Shell 操作方法。这种方法将命令连接在一起，使得一个命令的结果可以被另一个命令处理。

一旦掌握了这种操作方法，当你有一些想要处理或者急需处理的操作时，就可以当场用命令来执行。如果处理的结果不正确，你可以立即修改并再次执行。你当然可以用编程来实现想要的操作，但这意味着你需要编写、修改和编译源代码，效率不高。让我们来看一看如何用命令的连接来创造无限的想法组合吧！

话说命令能够组合起来使用吗？

没错，一旦掌握了这个方法，你将爱不释手！

3.6.1 管道（pipe）

命令可以很简单地连接在一起，写法如下。

命令的连接

```
$ [command1] | [command2]
```

　　这种写法使得原本在屏幕上显示的 [command1] 的输出结果传递给 [command2] 作为输入。你可以连接任意数量的命令，如在 [command2] 之后继续连接 [command3] 和 [command4]。字符"|"称为管道（pipe）或者管线（pipeline）[1]。图 3.14 显示了上一个命令的处理结果传递到下一个命令的示意图。

$ [command1] | [command2] | [command3]

图 3.14　利用管道连接命令的示意图

　　运用这种方法，可以通过一行命令实现各种操作。这是一线工程师常用的技巧。接下来，我们将通过实际的例子，尝试几种使用管道的处理。

3.6.2　统计行数

　　让我们从一个简单的例子开始。以下是一个统计文件行数的方法。你可以用它粗略估计程序源代码规模。

统计文件行数
```
$ cat [ 任意文本格式的文件 ] | wc -l
```

　　作为一个简单易懂的例子，我们在本章示例文件中添加了文本文件"我是猫 .txt"，内容取自夏目漱石著作《我是猫》的日文版[2]，用它来尝试一下。

————————

① 注意：不要与数字 1 和小写字母 l 混淆。在现代键盘布局中，字符"|"的键位一般在主键区第二排最右侧（退格键 Backspace 和回车键 Enter 之间）。在老式的键盘布局中可能位于第一排（退格键左侧）或第三排（回车键左侧）。需要按 Shift 键输入。

② 源自青空文库（https://www.aozora.gr.jp）。该网站以电子形式发布并免费提供著作权保护期已过或经著者授权许可的作品。

```
$ cat 我是猫 .txt | wc -l
2376
```

结果显示文件有 2376 行。wc 是一个对字符、单词、行等进行数量统计的命令。执行的第一个命令不一定非得是 cat，也可以是其他命令。wc 命令负责处理从管道传输过来的内容。

3.6.3　避免显示内容滚动

刚才使用的示例文件"我是猫 .txt"有 2376 行。如果使用 cat 命令直接显示文件内容，屏幕会迅速滚动输出整个文件，使得文件的开头无法阅读，非常不方便。

命令 less 可以在显示大文件时不整个输出。用 less 命令替代 cat 命令，可以避免显示内容发生滚动。要退出显示，请按 q 键。

```
$ less 我是猫 .txt
```

通过管道机制将 less 命令与 cat 命令相连，即可实现相同的效果。

```
$ cat 我是猫 .txt | less
```

那么，如何用 less 显示由命令产生而不是由文件提供的大量输出呢？类似以下用法简单地添加 less 命令肯定是不行的。

```
$ less ls -help  ●────  想要查看 ls 命令的详细信息，但无法直接使用 less
ls: 没有那个文件或目录
--help: 没有那个文件或目录
```

这时管道就派上用场了。以下是我们尝试浏览 ls 命令的详细信息时使用的命令。命令的说明太长，一屏显示不完，但是通过管道连接到 less，就可以从头浏览了。

```
$ ls -help | less
```

与此类似的还有一个 more 命令。它的功能和用法与 less 几乎相同，但是 less 多了搜索等更丰富的功能。

```
$ ls -help | more
```

在第 5 章，我们将借助这种方法来提高各种任务的效率。

3.7

用 grep 提高效率

随着可用命令的增多，你可以通过组合各种命令来提高工作效率。除了之前介绍的命令，我们还将详细讲解 grep 命令。将已经学到的命令与 grep 命令相结合，可以在很大程度上提高效率。

3.7.1 提取包含指定词语的行

借助 grep，可以将大量信息化简为你需要的信息。向 grep 指定某个词语作为参数，以提取包含该词语的行。

查找包含指定字符串的行

```
$ grep [ 要查找的字符串 ] [ 被查找的目标文件名 ]
```

```
$ grep banana fruit.txt          提取包含 banana 的行
banana
$ grep e fruit.txt               提取包含 e 的行
apple
orage
peach
```

作为例子，让我们用 grep 执行常见的日志分析任务。以下是一个从访问日志中查找错误的示例[1]。

---

[1] 使用的文件是一个虚构的用户在互联网上访问网页产生的记录，由 "flog"（https://github.com/nityanandagohain/flog）工具生成。

```
$ cat access.log
227.174.123.250 - - [02/May/2023:17:00:54 +0900] "PUT /
compelling/aggregate/target/e-services HTTP/1.1" 302 21993
154.23.39.14 - - [02/May/2023:17:00:54 +0900] "GET /e-business
HTTP/1.0" 100 6288
216.124.206.20 - haley8028 [02/May/2023:17:00:54 +0900] "GET /
portals/unleash HTTP/2.0" 201 21594
132.26.55.148 - - [02/May/2023:17:00:54 +0900] "PATCH /
repurpose/e-services/e-business/frictionless HTTP/1.0" 401 3239
172.182.204.150 - toy8326 [02/May/2023:17:00:54 +0900] "HEAD /
action-items/out-of-the-box HTTP/1.1" 504 17713
```

（共 1000 行[1]，以下省略）

由于内容较多，目视确认必定十分困难和耗时。因此，我们借助 grep 命令提取服务器错误的提示信息。现在，让我们提取包含 "503"[2] 及其前后空格的行。虽然单独使用 grep 命令即可处理，但这里接着之前输入的命令，使用管道连接 cat 命令和 grep 命令。

```
$ cat access.log | grep "503"
42.148.44.136 - - [02/May/2023:17:00:54 +0900] "GET /bleeding-
edge/markets HTTP/1.0" 503 13327
183.46.85.90 - - [02/May/2023:17:00:54 +0900] "GET /
architectures/intuitive/viral HTTP/1.0" 503 15010
50.254.99.137 - - [02/May/2023:17:00:54 +0900] "GET /empower/
best-of-breed HTTP/1.0" 503 19138
95.83.119.134 - mueller7578 [02/May/2023:17:00:54 +0900]
"DELETE /end-to-end HTTP/1.0" 503 29460
```

---

① 经过测试验证，这里的行数是样例文件 / 结果的总行数，后同。——译者注

② HTTP 状态码，指示 Web 服务器的状态。503 对应的状态信息为 "Service Unavailable"（服务不可用），表示服务器当前无法提供对应的功能。

```
174.72.109.132 - wisozk2383 [02/May/2023:17:00:54 +0900] "GET /
revolutionary/innovative/e-business/channels HTTP/1.0" 503 16264
```
（共 58 行，以下省略）

现在能够只检查我们需要的信息了。不过，信息量还是太大，一屏依然显示不完。为此，我们在 grep 命令之后利用管道连接到 less 命令，以便进一步检查。

```
$ cat access.log | grep " 503 " | less
```

3.7.2　统计包含指定词语的行数

现在，你已经能够检查互联网访问日志中的错误信息了。你将这件事汇报给上司，上司可能会问："错误信息一共有多少条？"让我们借助管道连接更多命令来回答该问题。使用 wc -l 命令统计行数。

```
$ cat access.log | grep " 503 " | wc -l
58
```

"除了 503 错误，504 错误有多少条？"此时，只需将命令参数中的 503 替换为 504 即可。

```
$ cat access.log | grep " 504 " | wc -l
58
```

由此可见，你可以轻松添加或者修改处理步骤以满足需求，从而提高工作效率。

第 4 章

用 Shell 脚本
处理无聊的工作

106

在使用计算机的一般工作中，频繁重复相同任务或者执行日常任务的情形很多，举例如下。

- 每天早上启动若干个办公软件、电子邮件和浏览器。
- 每天对指定文件中的数据进行汇总并发送邮件。
- 每周检查一次库存。

如果这些例行任务都是定时完成的，那么可以使用 CLI 将它们自动化。本章介绍使用命令将指定任务自动化的方法——编写 Shell 脚本。使用 Shell 脚本有诸多好处，熟练使用它，可以让你的日常工作变得高效！

Shell 脚本的编写方法

对于某些每次都要执行相同命令的工作，可以使用 Shell 脚本提高效率。Shell 脚本是将要执行的一系列命令按顺序写成的文件，再按照编写的顺序执行。相比于编程语言，它的学习成本较低，但也能胜任一些稍微复杂的任务。

让我们编写一个 Shell 脚本吧。

简单的 Shell 脚本只需按顺序编写一系列命令就能创建。作为示例，我们来编写一个显示当天星期几的 Shell 脚本。在本章示例文件的目录（Desktop\work\ch04）下，用"记事本"创建一个名为 today.sh 的文件。保存文件时，请将编码设置为"UTF-8"，如图 4.1 所示。

图 4.1　将编码设置为"UTF-8"

创建文件后，输入以下内容并保存文件。

today.sh

```
echo -n "今天是 "
date +%A | tr -d \\n
echo "。"
```

保存内容之后，请在 WSL 下执行以下命令，将文件中的 Windows 换行符处理成 Linux 换行符。有关换行符的具体介绍，参见 4.4 节。

```
$ cat today.sh | tr -d \\r > today.sh_
$ mv today.sh_ today.sh
```

按以下方式执行，成功显示当天的星期。显示的星期会随着执行时的日期变化。

```
$ ./today.sh
今天是星期日。
```

执行当前目录下的 Shell 脚本，一定要注意在开头加上 "./"，以明确指定它位于当前目录。在没有明确指定的情况下，Shell 会在其他地方①查找命令或 Shell 脚本的位置，查找不到时会报告 "未找到命令" 错误。

---

① "其他地方" 见于名为 path 的环境变量（可执行 env 命令查看所有的环境变量）。绝大多数命令都是由 Shell 基于 path 找到并执行的。

```
$ today.sh
-bash：today.sh：未找到命令
```

4.1.1 shebang

在 WSL 环境中，按照刚才所述的方法执行 Shell 脚本应该没有问题。当你把 Shell 脚本迁移到其他环境中的时候，有一些事项需要注意。

在 WSL 中 运 行 的 Shell 是 Ubuntu 一 开 始 默 认 安 装 的 Shell，也就是 bash。bash 会对刚才讲的 Shell 脚本中的内容进行逐行解析，并按顺序执行其中的命令，以处理预定的事项。

然而，还有很多环境默认安装的不是 bash。在此情形下，仅将 Shell 脚本移动到新环境中，可能不会按照预期中的方式执行。这是因为，可以被 bash 解析的某些语法很可能无法被其他 Shell 解析。

必须了解不同 Shell 的差别才行。

此时，可以通过添加 shebang，明确指定"请用 bash 执行该脚本"。shebang 写在 Shell 脚本的第一行，以指定用来执行该脚本的 Shell 或者语言。编写 shebang 非常简单，只需要在 Shell 脚本的第一行添加以下内容即可。

shebang
```
#!/usr/bin/env bash
```

4.1.2　注　释

你可以在 Shell 脚本中添加注释。注释部分不会被执行，是用来说明处理步骤概况的。类比编程语言的源代码，添加注释是为了创建具有可读性的脚本。

这样能让你回顾 Shell 脚本时更容易明白其内容。

添加注释，在字符"#"后面书写内容即可。"#"后面一直到行尾的内容都会被识别为注释。我们在前述 today.sh 的基础上添加注释，如下所示。

today.sh

```
#!/usr/bin/env bash

# 用于显示当天星期的 Shell 脚本

echo -n "今天是 "          # 显示字符串（不换行）
date +%A | tr -d \\n       # 显示星期（删除换行）
echo "。                   # 显示字符串（换行）
```

顺便一提，shebang 的情况较为特殊：它也以"#"开头，但不被视为注释。

4.1.3　权　限

将 WSL 中能够执行的 Shell 脚本移动到另一个环境中时，除非额外进行一些操作，否则往往不能直接执行，并显示以下消息。

```
$ ./today.sh
-bash: ./today.sh: 权限不够
```

　　这意味着这个 Shell 脚本未被赋予 "执行权限"。在 WSL 中创建的 Shell 脚本默认被赋予了执行权限[①]，想要在 WSL 以外的环境中执行，编写脚本后通常需要于动添加执行权限。

　　我们来仔细看看 WSL 中创建的 Shell 脚本的权限。执行 ls 命令并添加 -l 选项，以检查文件的详细信息。

```
$ ls -l today.sh
-rwxrwxrwx 1 louis louis 214  8月 29 14:16 today.sh
```

　　结果显示了关于文件的各种信息，见表 4.1。其中，前半部分的 rwxrwxrwx 表示的是权限。

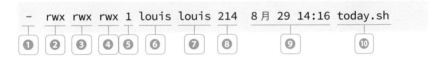

　　可以看到，"文件所有者" "组内用户" 和 "其他用户" 分别被赋予了读取权限、写入权限和执行权限。其中，"文件所有者" 为创建该文件的用户。"组内用户" 是和文件所有者在同一用户组的用户。与其他用户一起编辑文件时，可以将其他用户设为同一用户组。不属于该用户组的用户为 "其他用户"。

　　在刚才展示的详细信息中，脚本文件 today.sh 为文件所有者、用户组和其他用户都赋予了读取权限（r）、写入权限（w）

---

① 仅限于 WSL 环境下在 Windows 目录中创建的 Shell 脚本。在其他目录（如用户的主目录等）中创建的 Shell 脚本也不会默认被赋予执行权限。——译者注

表 4.1　ls 命令输出的详细信息

显示位置	含　义	各个选项的含义
❶	类　别	-: 文件 d: 目录 l: 符号连接
❷	文件所有者权限	r: 读取权限 w: 写入权限 x: 执行权限 -: 没有对应的权限
❸	组内用户权限	r: 读取权限 w: 写入权限 x: 执行权限 -: 没有对应的权限
❹	其他用户权限	r: 读取权限 w: 写入权限 x: 执行权限 -: 没有对应的权限
❺	硬链接计数	硬链接的数量
❻	文件所有者	创建文件的用户名
❼	用户组	可访问该文件的用户的集合
❽	文件大小	文件大小（以字节为单位）
❾	文件更新时间	文件更新时间（格式为月、日、时和分）
❿	文件名	文件名

和执行权限（x）。这意味着 WSL 上的 Shell 脚本可以由任何人编辑和执行，包括你自己和其他人 [①]。接下来，我们检查一下将这个 Shell 脚本复制到另一个环境时的权限。

```
$ ls -l today.sh
-rw-r—r-- 1 louis louis 214  8月 29 14:18 today.sh
```

----

① 虽然如此，但 WSL 环境一般不会共享给多人使用，所以通常不用担心。

权限信息发生了变化。文件所有者（自己）可以读取和编辑文件，而所有者以外的其他用户只能读取文件，不能编辑或执行。

现在，让我们为脚本添加权限。使用 chmod 命令修改文件的权限。

修改文件权限

chmod［目标用户］［赋予 / 取消权限］［权限类别］［目标文件名］

- 目标用户：u 为文件所有者，g 为组内用户，o 为其他用户，a 为全部用户。
- 赋予 / 取消权限：+ 为赋予权限，− 为取消权限。
- 权限种类：r 为读取权限，w 为写入权限，x 为执行权限。

例如，以下命令为脚本 today.sh 赋予执行权限。

```
$ chmod u+x today.sh
```

```
$ chmod ug+x today.sh
```

```
$ chmod ugo+x today.sh
```

接下来，为文件所有者添加执行脚本的权限。

```
$ chmod u+x today.sh
$ ls -l today.sh
-rwxr—r-- 1 louis louis 214  8月 29 14:18 today.sh
```

这样，文件所有者就能够执行这个 Shell 脚本了。

参数的用法

如果每次都执行完全相同的处理流程，上一节讲述的创建 Shell 脚本的方法已经够用了。

但是，如果每次执行的处理流程略有不同，该怎么办？当然，你可以每次为不同的流程修改或者重写脚本，但还有一种更简洁的办法。

我们来看具体的例子。上一节创建的脚本 today.sh 能够显示当天的星期，我们尝试把它改造为能够输出任意日期的星期。实现显示任意日期的星期的命令用法如下。

```
$ date -d 20240101 +%A    ●──────  显示指定日期（2024/1/1）的星期
星期一
```

如果按照这个范式修改 Shell 脚本，则每次指定新的日期都要重写一遍脚本。需要重写的内容，可以利用 Shell 支持的"特殊变量"来解决。特殊变量在执行时被解释为脚本的参数。下面，我们利用特殊变量来改写 today.sh。

today.sh

```
#!/usr/bin/env bash

# 用于显示指定日期星期的 Shell 脚本

echo -n "$1是 "        # 显示字符串（不换行）
```

```
date -d $1 +%A | tr -d \\n    # 显示星期（删除换行）
echo "。"                      # 显示字符串（换行）
```

其中，$1 是用来表示参数的特殊变量。执行脚本时指定参数的方式如下。

```
$ ./today.sh 20240101  ←————————指定参数
20240101 是星期一。
```

它可以像编程中的参数一样使用。

today.sh 中只使用了 1 个参数，其实也可以使用多个参数。可用的特殊变量从 $1 到 $9，共 9 个。

下面是使用 3 个参数的 Shell 脚本示例。

test.sh

```
#!/usr/bin/env bash

echo 参数 1:$1
echo 参数 2:$2
echo 参数 3:$3
```

执行结果如下。在命令中，由 1 个或多个空格分隔开来的每个字符串被识别为单独的参数。

```
$ ./test.sh foo bar baz
```

参数 1:foo

参数 2:bar

参数 3:baz

除此之外，还有两个特殊参数 $0 和 $@，分别表示命令名和全部参数。

test2.sh

```
#!/usr/bin/env bash


echo 命令名 :$0
echo 全部参数 :$@
```

```
$ ./test2.sh foo bar baz
```

命令名 :./test2.sh

全部参数 : foo bar baz

4.3

调试方法

如果 Shell 脚木没有按照预期工作，或者出现了一些错误信息，可以通过几种方法来调查原因。

Shell 脚本不工作了，设法下班回家了！

4.3.1　语法检查

检查 Shell 脚本中是否存在语法错误，可以执行以下命令（Shell 脚本中的内容不会被执行）。

语法检查

```
$ bash -n [目标Shell脚本]
```

我们尝试对上一节修改过的 today.sh 进行语法检查。假设在修改 today.sh 的过程中引入了一处语法错误，如下所示。

today.sh

```
#!/usr/bin/env bash

# 用于显示指定日期星期的Shell脚本

echo -n '$1是"          # 显示字符串（不换行）
```

```
date -d $1 +%A | tr -d \\n    # 显示星期（删除换行）
echo "。"                      # 显示字符串（换行）
```

语法检查结果如下所示。

```
$ bash -n today.sh
today.sh: 行 5: 寻找匹配的 `'' 时遇到了未预期的 EOF
```

仔细检查错误消息中的行数对应的位置，很快就会发现错误原因。在第 5 行的 echo 命令处，参数应当以一对匹配的引号（单引号或双引号）包裹，但这里写成了以单引号开头、双引号结尾。

4.3.2　在执行的同时显示执行内容

bash 提供了在执行的同时显示执行内容的功能，用法如下。通过这种方法，你就能知道在脚本中执行的哪些步骤未按照预期工作。

在执行的同时显示执行内容
```
$ bash -x [ 目标 Shell 脚本 ]
```

在 Shell 脚本中执行的命令本身会显示为开头加前缀"+"的形式。注意，today.sh 中某些命令的输出是不换行的，所以会和接下来的命令在同一行显示，刚开始阅读时可能会有点不习惯。

```
$ bash -x today.sh 20240101
+ echo -n 20240101 是
20240101 是 + date -d 20240101 +%A
```

```
+ tr -d '\n'
星期一 + echo
```

4.3.3 单步执行

借助"单步执行"机制，可以每执行一行之后暂停。在 shebang 下方添加以下内容，使单步执行机制生效。当调试完成，不再需要时，即可删除该内容。

令单步执行生效

```
trap 'read -p "next(LINE:$LINENO)>> $BASH_COMMAND"' DEBUG
```

仍以 today.sh 为例，具体写法如下。

today.sh

```
#!/usr/bin/env bash

# 用于显示指定日期星期的 Shell 脚本

# 用于调试的设置
trap 'read -p "next(LINE:$LINENO)>> $BASH_COMMAND"' DEBUG

echo -n "$1是 "          # 显示字符串（不换行）
date -d $1 +%A | tr -d \\n  # 显示星期（删除换行）
echo "。"               # 显示字符串（换行）
```

执行 Shell 脚本的结果如下。脚本每执行完一行都会暂停。按一次回车键，即执行下一行的命令。

```
$ ./today.sh 20240101
next(LINE:9)>> echo -n "$1是 "          ── 按回车键执行下一行
20240101是 next(LINE:10)>> date -d $1 +%A
next(LINE:10)>> tr -d \\n
星期一 next(LINE:11)>> echo '。'
```

脚本不正常执行的原因

有的时候，好不容易编写好了 Shell 脚本，但它并不能正常执行。为了找出并修复问题，你往往要耗费大量的时间。一般来说，排查脚本问题时，建议最先从拼写错误、换行符、字符编码等不涉及语法错误的问题入手。

4.4.1　英文字母的大小写

在 Windows 的命令提示符或 PowerShell 中，输入命令时不用区分大小写。例如，"echo"被输入成"ECHO"是能够被识别并正确执行的。

```
> echo Test
Test
> ECHO Test
Test
```

反之，在 Linux 中，命令要严格区分大小写。

```
$ echo test
test
$ ECHO Test
-bash: ECHO：未找到命令
```

首先检查大小写是否正确。

4.4.2 字形容易混淆的字符

有些英文字母、数字等的字符形状十分相近，编写 Shell 脚本时输错了往往难以发现，让人觉得"应该没什么问题"。并且，字形混淆也会带来排查上的困难。如果你感觉脚本中有问题，不妨对照表 4.2 和表 4.3 查找是否存在字形容易混淆的字符。

表 4.2　字形相近的竖线型字符示例

字　符	详　情
I	大写英文字母 I（与小写英文字母 i 对应）
l	小写英文字母 l（与大写英文字母 L 对应）
1	数字 1
|	竖线（管道符号）
Ｉ	全角大写英文字母 I
ｉ	全角小写英文字母 i
１	全角数字 1
｜	全角竖线

表 4.3　字形相近的圆形 / 椭圆形字符示例

字　符	详　情
0	数字 0
O	大写英文字母 O（与小写英文字母 o 对应）
０	全角数字 0
Ｏ	全角大写英文字母 O
○	汉字"零"的另一种写法

现代的终端模拟器通常会采用特别优化过的字体，这些字体针对字形容易混淆的字符增强了区分度。例如，WSL 的终端模拟器默认字体为 Cascadia Code，这是微软为终端模拟器和代码编辑器等用途专门开发的字体。

半角空格和全角空格也特别容易混淆，要格外小心！

4.4.3　换行符

根据所用的操作系统和软件，文本文件中换行符的表示和处理方式有所不同。这可能导致在某些情况下，应该是同一行的文本没有被识别为同一行，从而导致处理过程不按预期进行。

换行符的表示方式在创建文档时不是什么大问题，但在编程或处理命令时要格外注意。虽然换行符的表现形式没有什么不同，但组成换行符的字符有 CR（carriage return，回车）和 LF（line feed，换行）两类，它们的用法见表 4.4。

表 4.4　各种操作系统和软件预设的换行符

操作系统和软件	换行符
Windows	CR+LF
Linux、WSL、macOS（版本 10.0 及以后）	LF
早期的苹果操作系统 Mac OS[1]（版本 9 以前）	CR

① Mac 上的操作系统历经了若干次更名：版本 9 以前的为 Mac OS（有空格），也称为 Classic Mac OS；版本 10.0 ~ 10.6 称为 Mac OS X；版本 10.7 ~ 10.11 称为 OS X；版本 10.12 及以后称为 macOS（无空格，"mac" 小写）。——译者注

我们以一个常见的会引发问题的情况为例。在 Windows"记事本"中输入以下内容并保存为 newline.sh。在第一行末尾的单词"bash"之后插入一个换行符，但这个换行符可能导致该脚本不能被正常执行。这是因为，Windows"记事本"在创建文件时使用 CR+LF 作为换行符。

newline.sh

```
#!/usr/bin/env bash
echo New line test.
```

在 WSL 下执行该脚本时，由于脚本的换行符与 bash 期望的换行符（LF）不同，导致出现以下错误。其中，\r 是 Windows 换行符中 CR 字符的表示形式，在解析 Shell 脚本时，和原本的命令名称 bash 错误地合并成了 bash\r。

```
$ ./newline.sh
/usr/bin/env: "bash\r": 没有那个文件或目录
```

下面，我们首先检查 Shell 脚本文件使用的换行符，然后转换换行符，以解决这类错误。

我们分别使用 file 命令和 dos2unix 命令检查和转换文件换行符。

■ file 命令

file 命令用来检查指定文件是什么种类，用法如下。

查看文件种类

```
file [ 查看的文件名 ]
```

　　例如，检查在第 4 章示例文件目录下准备的各种文件，每种文件格式的详细信息如下。

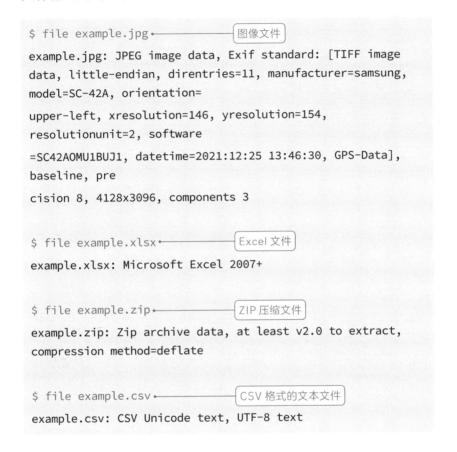

　　如果指定一个 Shell 脚本作为 `file` 命令的参数，则会显示脚本文件中的换行符形式，如以下执行结果中的"CRLF line terminator"部分。显然，它代表这个 Shell 脚本文件中的换行符形式为 CR+LF。

```
$ file newline.sh

newline.sh: Bourne-Again shell script, ASCII text
executable, with CRLF line terminators
```

■ dos2unix 命令

　　dos2unix 是一个专门用于检查和转换换行符的命令。如果按照 3.4.2 节的步骤安装 WSL，则该命令所属的软件包已经安装于 WSL 环境中。否则，执行 sudo apt install -y dos2unix 命令即可安装。

　　该软件包提供了一系列命令用于各种换行符之间的转换，包括 dos2unix（CR+LF 转 LF）、unix2dos（LF 转 CR+LF）、mac2unix（CR 转 LF）和 unix2mac（LF 转 CR）。这些命令的基本用法是一致的，下面以 dos2unix 命令为例进行讲解。

将文件换行符由 CR+LF 转为 LF（覆盖原文件）

dos2unix［要转换的文件名］

将文件换行符由 CR+LF 转为 LF（建立新文件）

dos2unix -n［原文件名］［新文件名］

　　此外，dos2unix 命令还支持一些查看和统计换行符信息的参数，以及转换过程中可用的一些额外参数，见表 4.5。

　　在转换之前，先借助 -id 和 -iu 选项检查、统计文件中的换行符情况。

表 4.5　dos2unix 命令的一些可用参数

参　数	含　义
-e	如果文件末尾没有换行符，则追加
-id	统计文件中 CR+LF 换行符的个数（不转换文件）
-iu	统计文件中 LF 换行符的个数（不转换文件）
-im	统计文件中 CR 换行符的个数（不转换文件）
-o	将转换结果重定向到标准输出
-q	安静模式，不输出转换过程中的提示信息

```
$ dos2unix -id -iu newline.sh
       1          0  newline.sh
```

dos2unix 输出的统计信息与选项在命令中的位置无关，总是按"CR+LF 换行符总数""LF 换行符总数"和"CR 换行符总数"的顺序排列。命令执行的结果显示，newline.sh 有一个 CR+LF 换行符，没有 LF 换行符。

接下来进行换行符的转换，方法有如下几种。其中除了 dos2unix，还包括之前使用过的一种结合命令和管道的方法。

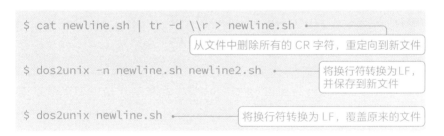

下面我们尝试直接用 dos2unix 转换，并检查转换后的文件换行符情况。

```
$ dos2unix newline.sh ◄──────────── 将换行符转换为 LF, 覆盖原来的文件
dos2unix: 正在转换文件 newline.sh 为 Unix 格式 ...
$ file newline.sh
newline.sh: Bourne-Again shell script, ASCII text executable
$ dos2unix -id -iu newline.sh
        0        1    newline.sh
```

然后，我们尝试执行处理之前有问题的 Shell 脚本。

```
$ ./newline.sh
New line test.
```

现在能正常执行了。另外，**dos2unix** 也支持通过管道机制现场转换文件内容并传递给其他命令，而无须事先对文件进行转换处理。

```
$ cat newline.sh | tr -d \\r | bash ◄──── 从 Shell 脚本的内容中删除
New line test.                             所有 CR 字符, 并直接执行
$ dos2unix -O -q newline.sh | bash ◄──── 从 Shell 脚本的内容中删除
New line test.                             所有 CR 字符, 并直接执行
```

反之，如果有需要，也可以将文件的换行符从 LF 改回 CR+LF。

```
$ unix2dos newline.sh ◄──────────── 将换行符改回 CR+LF, 并替换原文件
unix2dos: 正在转换文件 newline.sh 为 DOS 格式 ...
$ dos2unix -id -iu newline.sh
        1        0    newline.sh
```

4.4.4　字符编码

　　根据所用的操作系统和软件，字符在文件中的表示及处理方法，也就是字符编码，有很大的差异。如果你在 Shell 中试图显示字符编码不匹配的字符，就会出现乱码。

　　以本章示例文件中的"奔跑吧梅勒斯 _cp936.txt"为例，使用 cat 命令显示文件内容的结果如下所示。

`$ cat 奔跑吧梅勒斯 _cp936.txt`

　　考虑到兼容性和历史原因，当前各种操作系统和软件中使用的字符编码见表 4.6[1]。

　　出于历史原因和兼容性要求，在 Windows 系统上运行的一些软件会将 CP936 等作为默认字符编码。然而，作为比 UTF-8 更旧的字符编码，CP936 存在一些问题，如不支持 Emoji（表情符号），并且允许对一些与软件相关、无法跨软件使用的字符进行编码。Windows 系统本身正在推动从 CP936 等旧编码迁移到 UTF-8 的计划。本书建议，除非有特殊原因，否则应尽量以 UTF-8 作为标准字符编码来处理文本。特别地，Shell 脚本需要在 Ubuntu 中执行，其字符编码必须是 UTF-8。

---

[1] 本书所述的"字符编码"，严格来说由字符集和编码方案两个概念组成。在不引起混淆的情况下，本书采用常用术语"字符编码"。

表 4.6　各种操作系统和软件中预设的字符编码

操作系统和软件	字符编码	备　注
Windows 11 （记事本）	CP936	简体中文系统默认设置，可修改
Windows 11 （命令提示符）	CP936	简体中文系统默认设置，可修改
Windows 11 （PowerShell）	CP936	简体中文系统默认设置，可修改
Office 文档	UTF-8	执行特定操作时需要额外注意，如在 Excel 中保存为 CSV 格式时会转换为 CP936 编码
Ubuntu（Linux）	UTF-8	可能因 Linux 发行版的种类和版本而异
macOS	UTF-8	

■ 检查字符编码

　　本章的示例文件包含两个文本文件，字符编码分别为 UTF-8 和 CP936。我们分别使用 file 和 uchardet 命令进行检查。如果 WSL 环境是按照 3.4.2 节的步骤安装的，则 uchardet 命令已安装；否则，执行 sudo apt install -y uchardet 以安装该命令。

```
$ file 奔跑吧梅勒斯 _utf8.txt ●━━━━━━━━━━━  判断文件类型

奔跑吧梅勒斯 _utf8.txt: Unicode text, UTF-8 text

$ file 奔跑吧梅勒斯 _cp936.txt

奔跑吧梅勒斯 _cp936.txt: ISO-8859 text

$ uchardet 奔跑吧梅勒斯 _utf8.txt

UTF-8

$ uchardet 奔跑吧梅勒斯 _cp936.txt

GB18030  ●━━━━━━━━━━━  判断文件的字符编码
```

　　执行结果显示，file 命令能够正确识别 UTF-8 字符编码，

但对于 CP936 等字符编码，其识别结果就不那么精确了。file
命令对文本文件字符编码的识别结果可能有"UTF-8 text"
"ISO-8895 text"和"Non-ISO extended-ASCII text"等。

ASCII 字符（左侧的两列以及 DEL 为控制字符）

```
NUL DLE 空格 0 @ P ` p
SOH DC1 !  1 A Q a q
STX DC2 "  2 B R b r
ETX DC3 #  3 C S c s
EOT DC4 $  4 D T d t
ENQ NAK %  5 E U e u
ACK SYN &  6 F V f v
BEL ETB '  7 G W g w
BS  CAN (  8 H X h x
TAB EM  )  9 I Y i y
LF  SUB *  : J Z j z
VT  ESC +  ; K [ k {
FF  FS  ,  < L \ l |
CR  GS  -  = M ] m }
SO  RS  .  > N ^ n ~
SI  US  /  ? O _ o DEL
```

　　ASCII 是使用最广泛的字符编码之一，现在几乎所有计算机都支
持该编码，因此在处理该编码覆盖的字符（如上所示）时不会出现
乱码。针对范围较广的语言文字的各种字符编码，如中国的
GB2312、CP936（GBK）等，以及 UTF-8，它们在编码方法上都向
下保留了对 ASCII 的兼容性，而没有与之冲突。换言之，这些字符编
码与 ASCII 之间实际上存在包含与被包含的关系，如图 4.2 所示。

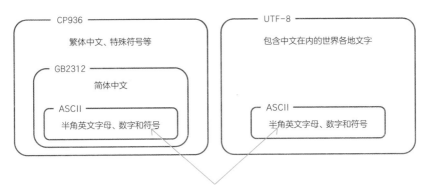

在共同包含的ASCII字符编码范围内不会出现乱码

图 4.2 各种字符编码和 ASCII 的关系

中文字符编码方面，中国最早于 1980 年制定了国家标准
GB2312，该标准包含 6763 个汉字。Unicode 1.0 颁布时收录了
包括简体和繁体在内的 20902 个汉字。为了能够包含这些汉字，
国内和微软分别发展了 GBK 编码和 CP936 编码。二者对绝大多
数汉字和符号的编码方法相同，仅在欧元符号、个别生僻汉字及
偏旁部首等字符的编码方式上有所不同。根据 uchardet 命令输
出的 GB18030，是按最新国家标准制定的中文字符编码，它包含
了更多的汉字及彝文、藏文、维吾尔文等各少数民族语言文字使
用的字符，并向下兼容 GBK、CP936 和 GB2312 字符编码。

■ 转换字符编码

使用 iconv 命令转换文件的字符编码。Linux 作为支持多语
言的操作系统，本身自带这个命令，无须额外安装。命令的用法
如下。

```
iconv -f［源文件的字符编码］-t［目标文件的字符编码］［源文件］［-o［目
标文件］］
```

　　另外，为 iconv 命令添加 -l 选项可以查看"[源文件的字符编码]"和"[目标文件的字符编码]"中可以设置的字符编码有哪些。结果显示，iconv 支持大量字符编码，并且存在同一种字符编码使用多个别名的现象。就本书示例文件而言，只需记住 UTF–8 和 CP936 两种字符编码。

```
$ iconv -l
以下的列表包含所有已知的编码字符集。这并不意味着以下字符集的任意组合均可用作
命令行中 "from" 和 "to" 的参数。一个编码字符集可能会以几个不同的名称来表示
（即 " 别名 "）。


  437, 500, 500V1, 850, 851, 852, 855, 856, 857, 858, 860, 861, 862, 863, 864,
  865, 866, 866NAV, 869, 874, 904, 1026, 1046, 1047, 8859_1, 8859_2, 8859_3,
  8859_4, 8859_5, 8859_6, 8859_7, 8859_8, 8859_9, 10646-1:1993,
  10646-1:1993/UCS4, ANSI_X3.4-1968, ANSI_X3.4-1986, ANSI_X3.4,
  ANSI_X3.110-1983, ANSI_X3.110, ARABIC, ARABIC7, ARMSCII-8, ARMSCII8, ASCII,
  ASMO-708, ASMO_449, BALTIC, BIG-5, BIG-FIVE, BIG5-HKSCS, BIG5, BIG5HKSCS,
  BIGFIVE, BRF, BS_4730, CA, CN-BIG5, CN-GB, CN, CP-AR, CP-GR, CP-HU, CP037,
  CP038, CP273, CP274, CP275, CP278, CP280, CP281, CP282, CP284, CP285, CP290,
  CP297, CP367, CP420, CP423, CP424, CP437, CP500, CP737, CP770, CP771, CP772,
  CP773, CP774, CP775, CP803, CP813, CP819, CP850, CP851, CP852, CP855, CP856,
  CP857, CP858, CP860, CP861, CP862, CP863, CP864, CP865, CP866, CP866NAV,
  CP868, CP869, CP870, CP871, CP874, CP875, CP880, CP891, CP901, CP902, CP903,
  CP904, CP905, CP912, CP915, CP916, CP918, CP920, CP921, CP922, CP930, CP932,
  CP933, CP935, CP936, CP937, CP939, CP949, CP950, CP1004, CP1008, CP1025,
（以下省略）
```

　　以下是使用 iconv 命令将 CP936 字符编码转换为 UTF–8 的方法。

```
$ iconv -f CP936 -t UTF-8 奔跑吧梅勒斯 _cp936.txt
```
转换后在屏幕上显示

```
$ iconv -f CP936 -t UTF-8 奔跑吧梅勒斯 _cp936.txt -o out.txt
```
转换后保存为 out.txt

以下是将 UTF-8 字符编码转换为 CP936 的方法。

```
$ iconv -f UTF-8 -t CP936 奔跑吧梅勒斯 _utf8.txt -o out.txt
```
转换后保存为 out.txt

4.5 实际应用中的 Shell 脚本示例

在本章的最后，我们介绍两个在实际开发场景中非常有用的 Shell 脚本示例。这两个 Shell 脚本中使用了以下命令和技巧。

- 条件判断（if 语句）。
- 循环处理（for 语句）。
- 特殊的 Shell 变量（$? 和 $@）。
- 连接远程服务器的命令（ssh）。
- 万能网络工具（nc）。

目前对这些功能不太了解也没有关系。鉴于它们属于实际应用中的内容，你可以稍后抽出时间逐字逐句阅读和分析这两个 Shell 脚本，并尝试自行修改脚本，尝试应用。

脚本中使用了 if 语句和 for 语句，语法比一般编程语言要简单一些。希望我们提供的这两个示例能够对你编写 Shell 脚本有所启发。

4.5.1　连接多个服务器

下面的 Shell 脚本用于连接多个服务器并执行命令。需要批量检查多个服务器的状态，或者批量修改多个服务器的设置时，该脚本非常有用。

ssh_cmd.sh

```bash
#!/usr/bin/env bash


# 设置连接目标
# 以 [ 用户 ]@[IP 地址或主机名 ] 的形式列出连接目标
LIST="user@192.168.1.1
demosharer@192.168.2.2
louis@192.168.3.3"


# 检查参数
# 将需要执行的命令设为参数
if [ -z "$1" ] # 检查是否有参数
then
  echo "缺少参数 "   # 如果没有参数，则显示提示信息
  echo "示例 : $0 ls -l"
  exit 1                    # 退出 Shell 脚本
fi


# 使用循环重复连接并执行命令的操作
# 根据目标服务器的设置，如果不需要密码，连接后会立即执行命令
# 如果需要输入密码，则每次连接时需要用户手动输入密码
for TARGET in $LIST
do
  echo "------ $TARGET ------" # 显示连接目标
  ssh $TARGET "$@" # 连接目标并执行命令
done
```

在 ssh_cmd.sh 脚本中使用的特殊变量 $0、$1 和 $@，详见
4.2 节。执行该脚本，将显示命令在每个连接到的服务器上执行的
结果。下面是使用 df -h命令对服务器的磁盘空间进行检查的部
分结果[①]。

```
$ ./ssh_cmd.sh df -h
------ user@192.168.1.1 ------
user@192.168.1.1's password:
文件系统          大小        已用       可用       已用 %    挂载点
udev             3.9G        0         3.9G      0%       /dev
tmpfs            794M        9.1M      785M      2%       /run
/dev/sda1        251G        48G       191G      21%      /
tmpfs            3.9G        0         3.9G      0%       /dev/shm
tmpfs            5.0M        0         5.0M      0%       /run/lock
tmpfs            3.9G        0         3.9G      0%       /sys/fs/cgroup
tmpfs            794M        4.0K      794M      1%       /run/user/200
------ demosharer@192.168.2.2 ------
demosharer@192.168.2.2's password:
Filesystem       Size        Used      Avail     Use%     Mountedon
udev             1.9G        0         1.9G      0%       /dev
tmpfs            393M        1.6M      391M      1%       /run
/dev/sda1        63G         20G       41G       33%      /
tmpfs            2.0G        0         2.0G      0%       /dev/shm
tmpfs            5.0M        4.0K      5.0M      1%       /run/lock
tmpfs            2.0G        0         2.0G      0%       /sys/fs/cgroup
```

---

① Shell 脚本中给出的是一些假想的连接目标，仅作示例用，读者应根据真正的服务器
地址进行替换。

4.5.2 检查服务的运行状况

下面的 Shell 脚本用于检查目标服务器上的服务运行状况。

例如，科学出版社的主页是 http://www.sciencep.com（端口为 80），某技术社区的网址为 https://www.demosharer.com（端口为 443），可以连接对应的地址和端口来检查 Web 服务的运行状态。

脚本里使用的 nc 命令包含在软件包 netcat-openbsd 中。如果 Ubuntu 是按照 3.4.2 节介绍的步骤安装的，那么该软件包已经安装完毕。否则，使用命令 sudo apt install -y netcat-openbsd 进行安装。

service_check.sh

```bash
#!/usr/bin/env bash

# 设置检查目标
# 按 [IP 地址或主机名 ]:[ 端口号 ] 的格式列出检查目标
# 端口号 443 代表 https 服务

LIST="www.demosharer.com:443
www.sciencep.com:80
www.sciencep.com:8080
192.168.1.1:443
sample.example.com:443"

# 通过循环对每个检查目标执行"测试检查目标是否可连接"操作
for TARGET in $LIST
do
```

```
echo "------ $TARGET ------" # 显示目标地址
nc -w 1 -z ${TARGET//:/ } # 使用 nc 检查是否可以连接目标地址
if [ $? -eq 0 ] # 判定 nc 的执行结果，0 表示正常结束
then
    echo " ○ 服务运行正常 "
else
    echo " × 服务运行异常 "
fi
done
```

以上脚本里出现了一个我们没有介绍过的特殊变量"$?"。它代表上一个命令执行结束后的返回结果，是一个整数，范围为 0 ～ 255。命令正常执行结束后返回结果为 0，而返回结果不为 0 代表命令执行未正常结束，原因可能是命令内部出错、输入的参数有误、人为中断命令的执行等。

执行结果将显示各个目标地址的连接状态。如果目标地址的域名不存在，则会显示"Name or service not known"消息。

```
$ ./service_check.sh
------ www.demosharer.com:443 ------
○ 服务运行正常
------ www.sciencep.com:80 ------
○ 服务运行正常
------ www.sciencep.com:8080 ------
× 服务运行异常
------ 192.168.1.1:443 ------
× 服务运行异常
------ sample.example.com:443 ------
```

```
nc: getaddrinfo for host "sample.example.com" port 443:
Name or service not known
```

× 服务运行异常

综上所述，通过创建和使用 Shell 脚本，可以大幅提升某些需要反复执行重复操作的工作的效率。

一旦养成了创建 Shell 脚本的习惯，你就能够在日常工作中更高效地完成许多任务。实际开发工作中的操作包括但不限于：

- 停止所有正在运行的 Docker 容器；
- 一次性执行提交（**git commit**）和推送（**git push**）操作；
- 每天发送 AWS 云服务的资费通知。

读者不妨回顾一下自己日常要执行的任务，看看能否通过创建 Shell 脚本来提高效率。

使用 Git 进行版本管理

你可以通过修改文件名来管理自己编写的 Shell 脚本或代码的不同版本，也可以使用版本管理系统进行管理。Git 是目前使用最广泛的版本管理系统之一，是 Linux 的作者、芬兰程序员林纳斯·托瓦兹（Linus Torvalds）为了解决 Linux 源代码管理困难而编写的。使用版本管理有以下优点：

- 可以掌握谁在何时对何处的代码进行了修改；
- 可以切换到以前的版本，或者和以前的版本进行比较；
- 可以高效进行多人协作。

Git 既可以通过 GUI 操作，也可以通过 CLI 操作。逐渐熟悉后，比起 GUI，你将能够在 CLI 上更快速地执行操作，并能够进行一些更加复杂和高效的操作。

你可以在自己的计算机上安装 Git 以进行本地版本管理，还可以使用各种在线版本管理服务，将本地版本与在线版本同步。GitHub（https://github.com）是目前广泛应用的在线版本管理服务，其基本功能是免费的。

限于篇幅，本书不对 Git 的功能和用法作进一步介绍。Git 相关的书籍和在线资料非常丰富，感兴趣的读者不妨参考一下。

## 第 5 章

使用一行命令 高效完成任务

Linux 提供了大量实用的命令，借助这些命令可以高效完成各种任务。在此基础上，借助 3.6 节介绍的用管道将命令连接在一起的方法，可以用一行命令完成几乎所有的任务。

　　本章将介绍一些更为深入的内容，希望读者读到这些内容的时候能有"哦，我看看能不能试一下"的想法。当你觉得日常工作有必要进行优化时，不妨回忆一下本章的内容。

5.1

统计和计算功能

在一行之内组合若干个命令来执行某项任务的写法，有一个专门的称呼——"one liner"。它源自英语文化，原意是用一句话表达的笑话、段子或者俏皮话。对于文件处理和小型任务等日常工作，用"one liner"的确能提高效率并带来乐趣。

只需一行命令就能完成各种任务！

本章讲解的各种命令均在 WSL 环境下执行。如果想要查看实际效果，可下载本书示例文件，启动 WSL 环境并将目录更改为第 5 章的示例文件夹（Desktop/work/ch05）。

5.1.1　四则运算

bash 原生支持四则运算，可与 echo 命令结合，以输出计算结果。其格式如下，其中算式用两对小括号包裹。

在 bash 中计算

```
echo $(([算式]))
```

以下是一个用两对小括号包裹输入的算式进行简单计算的例子。由于输入了完整的算式，这种方式相比计算器更方便检查计算结果。

```
$ echo $((100+200+150*3+10))
760
```

这种方式可用的运算符总结于表 5.1。

表 5.1 在 Shell 中可用的运算符

可用的运算符	含 义
+	加 法
-	减 法
*	乘 法
/	除 法
%	取余数
**	求 幂

不过要注意，bash 中的四则运算只支持整数，计算结果出现小数时将会舍去小数点后的部分。要在 Shell 中使用保留小数点的计算，可以借助 awk 命令。awk 命令基于一套简单的适用于文本处理的编程语言。与其他编程语言相比，它的语法更简单，可以像命令一样处理。就四则运算而言，使用 awk 命令计算的语法如下。

使用 awk 计算
```
awk 'BEGIN{print [ 算式 ]}'
```

BEGIN 后面的一对大括号中包裹的命令仅在最开始执行一次。print 是 awk 内部定义的显示数值的命令。我们来看一个具体的例子。

```
$ awk 'BEGIN{print 1+2+3*4/5}'
5.4
```

awk 除了支持四则运算，还支持高性能的三角函数、指数函数和对数函数等运算，见表 5.2。

表 5.2　在 awk 命令中可用的运算符和函数列表

可用的运算符和函数	含　义
+	加　法
–	减　法
*	乘　法
/	除　法
%	求余数
** 或 ^	求　幂
log()	对数函数
exp()	指数函数
sin()	正弦函数
cos()	余弦函数

awk 原生不支持 tan（正切）函数，但我们可以用如下方法计算。

```
$ awk 'BEGIN{print sin(1) / cos(1)}'
1.55741
```

将 sin 函数和 cos 函数相除得到 tan 函数的值

除此之外，还有一个 bc 命令，可进行高精度十进制小数计算。你可以设定所需的精度，并据此进行计算。限于篇幅，本书不对此作详细介绍。

5.1.2　统计交易额数据

我们尝试统计交易额数据。不少读者可能对在 Excel 等专门的软件里进行统计操作比较熟悉，而现在我们能够用一行代码实现统计。

　　诸如此类统计销售额的日常任务，以前需要导入数据到 Excel 并使用 SUM 函数操作，而现在只需启动终端并执行一行命令，或者更进一步用 Shell 脚本来完成。当你需要多次重复此类计算任务时，任务越简单，使用命令的处理方式越高效。

　　例如，第 5 章的示例文件中提供了一份供货商和某个便利店的交易额数据，如下所示。数据分为三列，内容分别为交易客户、交易时间和交易额。

```
$ cat Deal.csv
XX 便利店 ,2024/03/04,27191
XX 便利店 ,2024/03/05,24884
XX 便利店 ,2024/03/16,28394
XX 便利店 ,2024/03/26,22683
XX 便利店 ,2024/03/26,26493
XX 便利店 ,2024/04/03,9935
XX 便利店 ,2024/04/22,25207
XX 便利店 ,2024/04/23,24052
XX 便利店 ,2024/05/18,29012
```

　　该数据为 CSV 格式。CSV 的全称为"comma separated value"（逗号分隔值），顾名思义，就是用逗号区分各列数据的文件格式。我们现在要做的是，提取每行第 3 列的数据并求和，而编辑和汇总这种以逗号或其他符号分隔的数据正是 awk 命令所擅长的。

　　统计功能的用法如下。

统计功能

```
awk -F[ 分隔符 ] '{[ 变量名 ]+=$[ 列序号 ]}END{print [ 变量名 ]}' [ 要
   统计的文件名 ]
```

对于以上 CSV 格式文件，要素设置如下。

- 分隔符：指定为逗号（,）。
- 变量名：准备一个用于统计的变量（sum）。
- 列序号：需要统计第 3 列，所以指定为 3。
- 要统计的文件名：指定输入的源文件名为 Deal.csv。

具体的命令和执行结果如下。

```
$ awk -F, '{sum+=$3}END{print sum}' Deal.csv
217851
```

你甚至能像编程语言那样写成多行，并为每一行添加注释。这虽然不太符合本章的主题"用一行代码完成任务"，但它让处理流程看起来更清晰了。

```
$ awk -F, '
{                        # 读入 Deal.csv 的每一行并处理
    sum += $3            # 将第 3 列的数值累加到 sum 变量中
}
END{                     # END 后的大括号包裹的代码在最后执行一次
    print sum            # 显示统计完毕的 sum 变量的值
}' Deal.csv              # 指定输入的源文件名
217851
```

如果你难以追踪处理过程，不妨像这样使用换行符来组织命令。

5.2

处理日期和时间

日常工作中，有时需要核对各种日期信息。有关日期和时间的各种操作，都可以在终端中通过一行代码完成。

本节使用的 cal 命令包含于 ncal 软件包。如果 Ubuntu 是按照 3.4.2 节安装的，那么 cal 命令已经安装完毕。否则，执行 sudo apt install -y ncal 命令进行安装。

5.2.1 查看日历

使用 cal 命令可以查看日历，默认显示当月的日历。

```
$ cal
        九月 2024
 日  一  二  三  四  五  六
  1   2   3   4   5   6   7
  8   9  10  11  12  13  14
 15  16  17  18  19  20  21
 22  23  24  25  26  27  28
 29  30
```

可以利用 cal 命令指定具体的年份和月份，用法如下。除此之外，cal 命令还提供了丰富的参数，支持改变日历的显示方式。不过，只要记住了以下用法，日常使用这个命令应该没什么大问题。

151

查看日历

```
cal [[月份(MM)] 年份(YYYY)]
```

例如，在参数中指定公历年份时，显示全年的日历。

```
$ cal 2024
                          2024
         一月                  二月                  三月
  日 一 二 三 四 五 六    日 一 二 三 四 五 六    日 一 二 三 四 五 六
     1  2  3  4  5  6                1  2  3                   1  2
  7  8  9 10 11 12 13    4  5  6  7  8  9 10    3  4  5  6  7  8  9
 14 15 16 17 18 19 20   11 12 13 14 15 16 17   10 11 12 13 14 15 16
 21 22 23 24 25 26 27   18 19 20 21 22 23 24   17 18 19 20 21 22 23
 28 29 30 31            25 26 27 28 29         24 25 26 27 28 29 30
                                               31


         四月                  五月                  六月
  日 一 二 三 四 五 六    日 一 二 三 四 五 六    日 一 二 三 四 五 六
     1  2  3  4  5  6                1  2  3  4                      1
  7  8  9 10 11 12 13    5  6  7  8  9 10 11    2  3  4  5  6  7  8
 14 15 16 17 18 19 20   12 13 14 15 16 17 18    9 10 11 12 13 14 15
 21 22 23 24 25 26 27   19 20 21 22 23 24 25   16 17 18 19 20 21 22
 28 29 30               26 27 28 29 30 31      23 24 25 26 27 28 29
                                               30

（以下省略）
```

如果同时指定公历年份和月份，则显示该月的日历。请注意，指定参数时，月份要放在年份之前。

```
$ cal 04 2024
        四月 2024
 日  一  二  三  四  五  六
     1  2  3  4  5  6
 7  8  9  10  11  12  13
14  15  16  17  18  19  20
21  22  23  24  25  26  27
28  29  30
```

5.2.2　天数计算

　　date 命令除了能显示当前的日期和时间，还能执行与日期和天数有关的各种计算。像"从今天起 3 个星期以后是几月几日""指定日期的 2 个月以前是几月几日"这类问题，只需一行命令即可解决。

```
$ date -d "1 day"        # 从今天起 1 天以后
2024 年 09 月 08 日 星期日 21:40:24 CST
$ date -d tomorrow       # 明天（同上）
2024 年 09 月 08 日 星期日 21:40:36 CST
$ date -d "3 days"       # 3 天以后
2024 年 09 月 10 日 星期二 21:41:44 CST
$ date -d "3 weeks"      # 3 个星期以后
2024 年 09 月 28 日 星期六 21:43:34 CST
$ date -d "3 months"     # 3 个月以后
2024 年 12 月 07 日 星期六 21:43:47 CST
$ date -d "-3 days"      # 3 天以前
2024 年 09 月 04 日 星期三 21:44:14 CST
$ date -d "-3 weeks"     # 3 个星期以前
```

```
2024 年 08 月 17 日 星期六 21:44:57 CST
$ date -d "-3 months"   # 3 个月以前
2024 年 06 月 07 日 星期五 21:45:33 CST
$ date -d "3 days ago"   # 3 天以前
2024 年 09 月 04 日 星期三 21:46:14 CST
$ date -d "3 weeks ago"   # 3 个星期以前
2024 年 08 月 17 日 星期六 21:46:57 CST
$ date -d "3 months ago" # 3 个月以前
2024 年 06 月 07 日 星期五 21:47:33 CST
$ date -d "3 days ago 2025/01/01" # 从 2025/01/01 起 3 天以前
2024 年 12 月 29 日 星期日 00:00:00 CST
$ date -d "3 days ago 2025-01-01" # 日期的分隔符也可以用 "-"
2024 年 12 月 29 日 星期日 00:00:00 CST
$ date -d "3 days ago 20250101"   # 也可以省略分隔符
2024 年 12 月 29 日 星期日 00:00:00 CST
```

5.2.3　查看距离截止日期的天数

你是否曾需要计算距离截止日期还剩多少天？接下来，我们将使用一行命令来完成这项任务。

以下是计算距离 2030 年 12 月 30 日还有多少天的示例[1]。你可以将 2030 年 12 月 30 日替换为任何你想要设定的截止日期，以计算剩余的天数。

```
$ echo $((($(date +%s -d '2030/12/30')-$(date +%s))/(60*60*24)))
2304
```

---

[1] 命令的输出结果会随着执行命令的时间发生变化。——译者注

这一行命令看上去有些复杂，但其实是由一些简单的元素组合而成的。接下来，我们对其进行分解。

■ Unix 时间戳

在计算机内部，时间信息大多以 Unix 时间戳（Unix timestamp）来存储和管理。Unix 时间戳是一个数值，代表从协调世界时（UTC）1970 年 1 月 1 日 0 时 0 秒 0 分起经过的秒数。屏幕上显示的各种日期和时间信息，是由操作系统和各种程序对 Unix 时间戳进行适当转换后得到的。

计算机内部是用一些单位来计量时间的。

为 date 命令添加 +%s 参数，可查看当前时刻或指定时刻对应的 Unix 时间戳。

查看 Unix 时间戳

```
date +%s
```

执行该命令，通常会显示一个很大的数值——Unix 时间戳。例如，"1696286441"表示从协调世界时（UTC）1970 年 1 月 1 日 0 时 0 秒 0 分起经过 1696286441 秒达到的时刻。

我们也可以指定任何时刻，查看对应的 Unix 时间戳，为 date 命令加上 -d 参数即可。

```
$ date +%s -d 2030/01/01
1893427200
```

■ 利用四则运算

　　直接对两个日期做减法比较困难，但使用以秒数表示的 Unix 时间戳来计算就方便多了。我们可以利用前面介绍过的四则运算来完成相关计算。例如，计算两个时刻之间的天数。

```
echo $(( ([Unix 时间戳] - [Unix 时间戳]) / (60*60*24) ))
```

　　其中，除法运算的除数 60×60×24 用于将秒数变换为天数：1 天 =60 秒 / 分 ×60 分 / 小时 ×24 小时 =86400 秒。

■ 命令置换

　　前面提到的"[Unix 时间戳]"部分，可以先使用 date 命令获得时间戳，再用手动替换命令中相应的位置，以达到计算的目的。

```
$ date +%s -d 2030/04/01
1901203200
$ date +%s -d 2029/12/01
1890748800
$ echo $(( (1901203200 - 1890748800) / (60*60*24) ))
121
```

　　这当然没有问题。不过，Shell 提供了"命令置换"功能，让我们能够将命令组合在一行内。具体来说，在 $ 符号后的一对小括号内书写命令，执行整行命令时小括号内部的命令首先被执行，其结果将作为整行命令的一部分。

　　作为示例，下面我们将尝试使用命令替换功能显示 Unix 时间戳。使用 date 命令指定任意时刻，显示对应的 Unix 时间戳。在

echo 命令中，每个 $ 符号后小括号内的命令会首先被执行，结果将与 echo 命令一起显示。

```
$ echo $(date +%s -d 2030/04/01) $(date +%s -d 2029/12/01)
1901203200 1890748800
```

■ 结合以上所有技巧

综上所述，结合"Unix 时间戳""四则运算"和"命令置换"三种技巧，我们可以通过以下一行命令来计算两个时刻之间的天数。

```
$ echo $((($(date +%s -d 2030/04/01)-$(date +%s -d 2029/12/01))/
(60*60*24)))
121
```

不要忽视系统日志中的错误记录

系统开发完成后，接下来的任务就是上线运行。在运行过程中，系统的状态通过"日志"（log）进行监视。当系统发生意外情况时，首先检查的位置通常是日志文件。

这里介绍一些从大量的系统日志中轻松捕捉意外情况的技术。在发生意外情况的服务器中，执行以下命令可以从日志中获取错误记录。

```
# journalctl --no-pager | grep -i ERROR
```

　　主流的 Linux 发行版通常使用 systemd-journald 进行日志的统一管理。相应地，输出日志的命令为 journalctl。该命令在未指定额外参数时，会结合 less 命令按页显示日志（less 命令的用法参见第 3 章）。指定 --no-pager 参数时，日志将全部直接输出，不会结合 less 命令。

　　输出结果可以通过管道机制传递给 grep 命令，从而抽取包含 ERROR 字符串的行。grep 命令中的 -i 参数表示"不区分英文字母的大小写"，因此，包含"ERROR""error"和"Error"的行都将被抽取出来。

　　如果使用 journalctl 命令未能找到发生错误的原因，则可能还需要同时执行以下命令。

```
# grep -iR ERROR /var/log
```

　　通常，Linux 系统的各种日志都会集中存储在 /var/log 目录中。你可以使用 grep 命令搜索整个 /var/log 目录，即使 systemd-journald 所管理的日志不在其中。

　　grep 命令的 -R 参数表示搜索所有子目录下的文件，包括符号链接（相当于快捷方式）的目标文件。可以简单理解为以 /var/log 目录及其子目录下的所有文件为对象，抽取其中包含 ERROR 字符串的行。以上命令中的 -iR 参数是 -R 参数与之前介绍的 -i 参数的组合。

　　如果系统出现了问题，作为初步的调查手段，请尝试灵活运用上述 grep 命令的各种方法。

5.3

日常的文件操作

相信各位读者平时大多使用 Windows 的 GUI 进行日常文件操作。结合 WSL 之后，这些操作将变得更加简便。我们将讲解如何简化一些稍微复杂的日常任务，从而提高工作效率。

5.3.1　查找任意文件名的文件所在位置

"这个文件在哪里？"你带着疑惑开始寻找，甚至尝试使用资源管理器的搜索功能，但还是一无所获……此时，不妨使用 find 命令。该命令的格式如下。

搜索指定的文件

```
find [ 搜索目标所在目录 ] -name [ 搜索目标文件名 ] 2>/dev/null
```

-name 参数用于搜索与右侧的"[搜索目标文件名]"匹配的所有文件并显示。如果不指定 -name 参数和"[搜索目标文件名]"，则默认匹配所有文件。

2>/dev/null 是一种特殊的重定向，用于过滤显示结果中的所有错误消息。find 命令在搜索过程中遇到没有访问权限的文件和文件夹时，会显示许多错误消息。使用这种特殊的重定向，可以不显示错误消息，只保留正常输出的内容。

以下是使用 find 命令在 C 盘中搜索名为"客户 .csv"的文件的例子。

```
$ find /mnt/c -name '客户.csv' 2>/dev/null   不显示错误消息的写法
/mnt/c/Users/Louis/Desktop/work/ch05/客户.csv
                                            显示目标文件所在的位置
```

Windows 系统的 C 盘在 WSL 环境中显示为目录 /mnt/c。要注意的是，直接在整个 C 盘中搜索某个文件通常会非常耗时。结果显示，目标文件位于自己的桌面中的 work/ch05 文件夹。

该命令也可以在不太清楚文件名的情况下使用。例如，已知桌面上某些文件的名称中包含字符串"information"，且以".csv"结尾，这时可以使用以下方法进行查找。

```
$ find /mnt/c/Users/Louis/Desktop -name '*information*.csv'
2>/dev/
null
/mnt/c/Users/Louis/Desktop/work/ch05/personal_information.csv
/mnt/c/Users/Louis/Desktop/work/ch05/personal_information2.csv
/mnt/c/Users/Louis/Desktop/work/ch05/personal_information3.csv
```

结果显示，我们找到了需要的文件。用通配符"*"代替要搜索的文件名中不明确的部分，可以保证搜索范围。

更进一步，为 find 命令添加 -mtime 参数，将搜索结果限制在最近更新的文件范围。以下是一个将搜索范围限制在过去 7 天以内更新的文件的示例。

```
$ find /mnt/c/Users/Louis/Desktop -mtime -7 -name
'*information*.csv' 2>/dev/null
/mnt/c/Users/Louis/Desktop/work/ch05/personal_information3.csv
```

5.3.2　查找包含任意文本的文件

我们在 3.7 节介绍过 grep 命令，它允许我们指定一段文本作为参数，从文件中提取包含该文本的行。

该命令也支持对多个文件或某个文件夹下的所有文件进行操作。这可以用来查找包含特定文本的文件。其用法如下。

查找包含任意文本的文件

```
grep -r ［要检索的文本］［检索目标目录］
```

-r 参数的含义为，指定目录下所有的文件都是 grep 的操作对象。以下是在桌面中查找包含"业绩预算"字符串的文件的示例。

```
$ grep -r 业绩预算 /mnt/c/Users/Louis/Desktop/
```
/mnt/c/Users/Louis/Desktop/work/ch05/销售备忘录**.txt:FY23** 业绩预算

但是请注意，grep 命令只能检索文本文件中的信息。Excel、Word 等 Office 文件及 PDF 文件并非文本文件，而是将文本转换成其他格式的信息后存储的，所以无法使用 grep 检索。

5.3.3　统计文件的字数

在日常生活和工作中，填写的一些文件、报表，以及在线表单和发布信息等，可能会有 200 字以内或更少的字数限制。我们在 3.6 节中介绍管道时提到，wc 命令能除了统计行数，还能轻松统计任意文件或内容的字数。

例如，我们再次使用之前见过的文件"奔跑吧梅勒斯 _utf8.txt"，首先显示文件的内容。

```
$ cat 奔跑吧梅勒斯 _utf8.txt
```
梅勒斯勃然大怒。他下定决心，一定要除掉那个奸诈暴虐的国王。梅勒斯不懂政治。梅勒斯只是村里的一介牧人，每天吹着笛子，过着放羊的生活。可是，对于邪恶，他比任何人都倍加敏感。

　　然后，使用 wc 命令并指定 -m 参数进行字数的统计，用法如下。

字数统计

```
wc -m [ 目标文件 ]
```

　　以下是该文件的字数统计结果。

```
$ wc -m 奔跑吧梅勒斯 _utf8.txt
85 奔跑吧梅勒斯 _utf8.txt
```

　　结果显示文件的字数为 85（包含标点符号和空格、换行符等）。除了统计文件的字数，你也可以通过管道统计命令输出内容的字数，用法如下。

```
$ echo -n " 梅勒斯勃然大怒。" | wc -m
8
```

5.3.4　替换文件中的内容

　　除了搜索、查看和统计，日常工作中修改文件的琐碎任务也可以由 CLI 高效完成。

　　例如，有一份客户清单，其中部分客户名称的登记有误，写成了"责任有限公司"，现在需要批量替换成"有限责任公司"。首先用 cat 命令显示文本文件的内容，以查看整个客户清单。

```
$ cat 客户 .csv
XX 食品连锁责任有限公司 ,010-3033-3333,...
YY 超市有限责任公司 ,010-3001-1234,...
ZZ 电商（北京）责任有限公司 ,010-3012-9999,...
WW 便利店连锁有限责任公司 ,010-3001-5678,...
```

　　我们使用 sed 命令进行文件中的字符串替换，用法如下。

字符串替换

```
sed  's/[ 替换前字符串 ]/[ 替换后字符串 ]/g'  [ 要替换的源文件 ]
```

　　参数" 's/[替换前字符串]/[替换后字符串]/g' "中，开头的字母"s"代表"替换"（substitute）；结尾的字母"g"代表"全局"（global），含义是对文件中所有匹配的字符串进行替换。实际执行 sed 命令进行替换操作的结果如下。

```
$ sed  's/ 责任有限公司 / 有限责任公司 /g' 客户 .csv
XX 食品连锁有限责任公司 , 010-3033-3333,...
YY 超市有限责任公司 , 010-3001-1234,...
ZZ 电商（北京）有限责任公司 ,010-3012-9999,...
WW 便利店连锁有限责任公司 , 010-3001-5678,...
```

　　替换后的结果直接显示在屏幕上。可以利用重定向的功能将替换后的结果保存为新的文件。

```
$ sed 's/责任有限公司/有限责任公司/g' 客户.csv > 修改后客户.csv
```

另外，如果为 sed 命令指定 -i 参数，则用替换后的结果直接
覆盖原文件。

```
$ sed -i 's/责任有限公司/有限责任公司/g' 客户.csv
```

从互联网获取需要的信息

绝大多数用户平时在计算机上访问互联网,主要是通过浏览器操作的。然而,使用 CLI 也能够访问互联网,并且能够与其他命令相结合,以提高获取信息的效率。

5.4.1 查看天气预报

使用 curl 命令替代浏览器访问互联网检索信息,用法如下。

访问互联网

```
curl -s [任意的 URL]
```

-s 参数用来关闭访问过程中的一些信息展示。如果展示这些信息不妨碍网站本身的信息处理,则可以不指定该参数。

我们来访问一个提供天气服务的网站 https://wttr.in。该网站允许用户从终端获取天气信息。

```
$ curl -s https://wttr.in
```

结果大致如图 5.1 显示。乐趣在于,从浏览器中访问该网站时,得到的是正常的网页;而从终端用 curl 命令访问时,网站会为我们返回专门用于终端的字符画,利用字符和颜色信息在屏幕上"绘制"出天气预报。

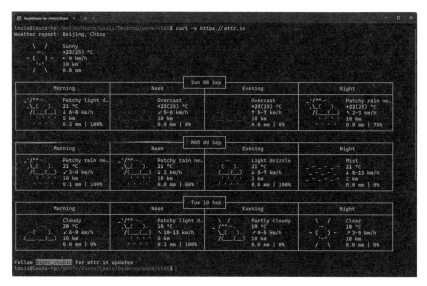

图 5.1 通过终端访问天气服务网站 https://wttr.in

此外，还能在 URL 中指定城市和显示结果的语言。例如，访问 https://wttr.in/Shanghai 或者"https://wttr.in/ 上海"都能够获取上海市的天气预报。默认显示文字为英文，可访问 https://wttr.in/Shanghai?lang=zh 以设定为简体中文。

5.4.2 提取网页中的链接

以上是一个非常特殊的案例。访问绝大多数网站时，使用 curl 命令得到的结果是一份文本文件，格式为 HTML（hypertext markup language，超文本标记语言），其中包含各种标题、段落、列表、表格等文本信息，以及显示网页所需的图片、视频等资源的链接。

从网站的 HTML 中提取有用信息的操作称为"数据抓取"。由于网页的结构和数据格式各异，数据抓取一般通过编程语言实现。然而，借助之前介绍的 **grep** 和 **sed** 命令，我们也能完成简单的数据抓取任务，甚至可以用一行命令完成。接下来，我们将分步介绍一个从 HTML 中提取链接的例子。

■ 获取网页的 HTML

我们使用一个专用于测试的网站，URL 为 https://www.example.com。用 **curl** 命令获取网页的 HTML。

```
$ curl -s https://www.example.com
<!doctype html>
<html>
<head>
    <title>Example Domain</title>
（中间省略）
</head>

<body>
<div>
    <h1>Example Domain</h1>
    <p>This domain is for use in illustrative examples in
documents. You may use this
    domain in literature without prior coordination or
asking for permission.</p>
    <p><a href="https://www.iana.org/domains/example">More
information...</a></p>
</div>
</body>
</html>
```

网页的 HTML 包含很多内容，其中链接部分形如 href="[URL]"，而 URL 部分以 http:// 或者 https:// 开头。接下来用 grep 命令提取包含 URL 的内容。

■ 用 grep 命令提取包含 URL 的内容

之前介绍过的一系列处理字符的命令，包括 grep、sed 和 awk 等，它们的强大之处在于复杂的字符串匹配机制——正则表达式。对于比较复杂但有规律的文本文件，利用正则表达式可以方便而巧妙地处理。

限于篇幅，本书不深入讲解正则表达式。针对提取链接的任务，我们通过以下命令简单解释正则表达式的一些基本规则。

提取 HTML 中的链接

```
grep -o -E 'href="https?://[^"]+"' [ 目标文件 ]
```

-E 参数代表采用常用的正则表达式语法。该正则表达式中，开头部分的 href="http 与普通字符串没有区别。接下来的 s? 代表 "0 个或 1 个字母 s"，它意味着 http:// 和 https:// 开头的网址都能够匹配。后面的 [^"] 代表不是双引号的任何字符，+ 代表 "一个或多个"，合并起来就是 "遇到双引号之前的所有字符"。显然，它们和前面的 https?:// 共同组成了网址。

另外，grep 命令默认将匹配成功的行完整地显示出来。通过指定 -o 参数可以只显示匹配的部分。我们将 curl 命令获取的网页内容通过管道传递给 grep 命令，结果如下。

```
$ curl -s https://www.example.com | grep -o -E
'href="https?://[^"]+"'
href="https://www.iana.org/domains/example"
```

■ 用 sed 命令进行后续的处理

接下来需要去掉结果中的字符串 href= 和一对双引号。利用之前介绍过的 sed 命令进行替换，将匹配的字符串替换为空字符串即可。这里需要执行两次替换，可以将它们写在一个参数以内，用分号隔开。

去掉链接前后的字符

```
sed 's/href=//g; s/"//g' [ 目标文件 ]
```

将以上命令用管道组装成一行，执行结果如下。

```
$ curl -s https://www.example.com | grep -o -E
'href="https?://[^"]+"' | sed 's/href=//g; s/"//g'
https://www.iana.org/domains/example
```

读者可以将命令中的 URL 替换成自己想要访问的网址，尝试提取网页中的链接。网页引用的图像、视频等资源文件也以 URL 的形式存在，它们的表示方法略有不同（开头部分不是 href 而是 src 等），读者可以根据它们的具体形式尝试修改正则表达式。

5.5

其他一些有用的技术

除了处理字符串，Linux 还有很多有用的命令和功能，这些介绍一些常用的。

5.5.1　ZIP 文件的压缩和解压

Windows 系统原生支持 ZIP 文件的压缩和解压操作。在 Windows 11 的资源管理器中，右键点击某个文件或文件夹，在弹出的菜单中选择"压缩到⋯→ Zip 文件"（旧版本 Windows 11 中只有"压缩到 Zip 文件"）即可，如图 5.2 所示。

图 5.2　在 Windows 11 上将文件或文件夹压缩为 ZIP 文件

现在用 CLI 试一下。Linux 提供了 **zip** 命令，用法如下。其中，-r 参数代表递归操作，即将指定的文件夹下所有子文件夹及文件一同压缩。

压缩到 ZIP 文件

```
zip -r ［生成的 ZIP 文件名］ ［被压缩的目标文件和文件夹］
```

假设当前目录之下有一个名为 textdata 的目录，现在使用 **zip** 命令压缩这个目录及其下的所有文件，生成压缩文件 backup. zip。执行 **zip** 命令后，从显示压缩的结果中可以看出，textdata 目录下的文本文件经过了较大幅度的压缩，大小分别为原来的 53% 和 73%。

```
$ zip -r backup.zip textdata
  adding: textdata/ (stored 0%)
  adding: textdata/data.csv (deflated 53%)
  adding: textdata/lorem-ipsum.txt (deflated 73%)
```

接下来，检查压缩后的 ZIP 文件的情况。在当前目录下可以看到原来的 textdata 文件夹和生成的 backup.zip 文件。

```
$ ls -l
总计 56
-rwxrwxrwx 1 louis louis 54563  9月  8 20:34 backup.zip
drwxrwxrwx 1 louis louis  4096  9月  8 20:34 textdata
```

使用 **unzip** 命令并添加 **-l** 参数可查看 ZIP 文件的内容，无须事先解压。

```
$ unzip -l backup.zip
Archive:  backup.zip
  Length      Date    Time    Name
---------  ---------- -----    ----
```

```
     0   2024-09-08 20:32     textdata/
 62288   2024-09-08 19:56     textdata/data.csv
 91127   2024-03-14 20:11     textdata/lorem-ipsum.txt
---------                     -------
153415                        3 files
```

直接使用 unzip 命令，不指定额外的参数时，将解压所指定的 ZIP 文件到当前目录。如果有重复的文件，将会提示用户"是否覆盖"。

```
$ unzip backup.zip
Archive:  backup.zip
replace textdata/data.csv? [y]es, [n]o, [A]ll, [N]one, [r]
ename: A
  inflating: textdata/data.csv
  inflating: textdata/lorem-ipsum.txt
```

5.5.2　tar.gz 等文件的压缩和解压

刚才介绍了 ZIP 文件的压缩和解压操作。而在 Linux 中，更广泛使用的压缩格式是 tar.gz 和 tar.bz2。特别是互联网上的开源软件的源代码和各种资料，大多以 tar.gz 压缩文件发布。

tar 是源自 Unix 的文件归档格式。tar 命令默认将若干个文件和文件夹封装为一个后缀名为".tar"的文件，但不进行压缩。为了减小体积，tar 文件通常会进一步压缩成 gzip 或者 bzip2 格式，后缀名通常为".tar.gz"或者".tar.bz2"。

以 tar.gz 格式为例，压缩和解压的命令用法分别如下。参

数 -cvzf 是将 -c、-v、-z、-f 参数合并的写法。-c 和 -x 参数分别代表压缩（归档）和解压。-v 参数用于显示压缩或解压的文件列表。-z 参数指定以 gzip 格式压缩或解压，相应的压缩文件后缀名为 ".tar.gz"；如果替换为 -j 参数，则以 bzip2 格式压缩或解压，相应的压缩文件后缀名为 ".tar.bz2"。

压缩 tar.gz 文件

```
tar -cvzf [ 压缩文件名 ] [ 要压缩的文件和文件夹列表 ]
```

解压 tar.gz 文件

```
tar -xvzf [ 压缩文件名 ]
```

仍然以 textdata 目录为例，先通过 tar 命令压缩为 backup.tar.gz。

```
$ tar -cvzf backup.tar.gz textdata
textdata/
textdata/data.csv
textdata/lorem-ipsum.txt
```

接着，检查生成的压缩文件。其大小和刚才生成的 backup.zip 非常接近。

```
$ ls -l
总计 112
-rwxrwxrwx 1 louis louis 55862  9 月  8 20:54 backup.tar.gz
-rwxrwxrwx 1 louis louis 54563  9 月  8 20:34 backup.zip
drwxrwxrwx 1 louis louis  4096  9 月  8 20:43 textdata
```

然后，解压 backup.tar.gz 文件到当前目录。与 unzip 命令不同，通过 tar 命令解压会默认覆盖已有的文件。

```
$ tar -xvzf backup.tar.gz
textdata/
textdata/data.csv
textdata/lorem-ipsum.txt
```

5.5.3　与 Windows 剪贴板交互

到目前为止，本书介绍的各种命令的输出形式均为向屏幕显示内容，或者将内容保存到文件中。实际上，WSL 提供了 Linux 系统和 Windows 系统交互的功能，我们可以将 WSL 的命令执行结果复制到 Windows 剪贴板中。借助这个功能，你可以将命令的结果轻松粘贴到"记事本"、Word、Excel 等在 Windows 下运行的软件中。

实现这一功能的命令为 clip.exe。它事实上是 Windows 系统中的一个命令。除了 Linux 命令，WSL 还具有调用 Windows 命令的功能，并且默认加载了 Windows 的环境变量。不过要注意两点：一是在 WSL 环境中使用 Windows 命令时必须加上".exe"；二是用管道向 Windows 命令传递内容时，需要借助 iconv 命令将字符编码从 UTF-8 转为 Windows 的默认字符编码（简体中文系统为 CP936）。

以下是将 date 命令的结果复制到 Windows 剪贴板的一个示例。

```
$ date | iconv -f UTF-8 -t CP936 | clip.exe
```

5.6

有利于实际开发的一些命令

在本章的最后，我们将简单介绍一些在实际开发过程中可能会用到的命令和"one liner"。本节涉及的一些命令和功能列举如下，其中一些超出了本书的范围，不作深入讲解。

- 显示主机名的命令（hostname）。
- 显示系统的内存、硬盘和 CPU 的统计信息的命令（vmstat）。
- 显示空闲内存和已使用内存总量的命令（free）。
- 命令输入的重定向（<）。
- 用字符串进行输入重定向，称为"here string"（<<<）。

类似于第 4 章的内容，本节内容可作为读者以后学习或者重温知识时的参考。

5.6.1 ssh 命令

本节介绍的各个示例里都使用了 ssh 命令。ssh 命令用于连接远程计算机，是系统开发中常用的命令之一。ssh 命令的一般用法如下。

连接远程计算机

```
ssh [目标的用户名]@[目标的 IP 地址或主机名]
```

例如，你可以按照以下方式连接到局域网中的一台主机（IP 地址仅作示意用）。

```
$ ssh user@192.168.1.1  ●━━━━━━━━━━━━━━━━━━━● 输入密码

user@192.168.1.1's password:

$ ●━━━━━━━━━━━━━━━━━━━━━━━━━━━━● 之后在目标计算机上操作
```

有了 ssh，只要开动脑筋，你就可以在连接持续的时间里做任何你想做的事情。接下来，我们看一些能在一行之内结合 ssh 执行的命令。

5.6.2　连接到远程计算机时执行单个命令并返回

使用 ssh 时，一般是在远程计算机的 Shell 中执行各种操作，但也有在远程计算机上执行单个命令，返回结果后立即断开连接的用法，如下所示。

在目标计算机的 Shell 上执行单个命令

ssh [目标的用户名]@[目标的 IP 地址或主机名] [在目标计算机上执行的命令]

例如，仍然假设远程服务器地址为 192.168.1.1，用户名为 user，在一行命令内连接到目标服务器并执行 vmstat 命令查看服务器的内存状态。执行结果如下所示。

```
$ ssh user@192.168.1.1 vmstat

user@192.168.1.1's password:

procs ---------memory--------- -swap- -io- -system- ------cpu-----

 r b swpd   free  buff  cache si so bi bo  in cs   us sy id wa st

 1 0    0 7721756 42180 190936  0  0 61 1   30 40   0  0 99  0  0
```

5.6.3 远程执行本地 Shell 脚本

使用 ssh 连接，不仅能执行单个命令，也能执行储存在本地的 Shell 脚本。通常，创建 Shell 脚本后需要传输到远程服务器才能执行，不过这种办法免去了传输的麻烦。用法如下。

远程执行 Shell 脚本

ssh ［目标的用户名］@［目标的 IP 地址或主机名］ sh < ［要执行的 Shell 脚本］

例如，在目标服务器上执行储存在本地的脚本 **/tmp/host_state.sh**，执行结果如下。

```
$ ssh user@192.168.1.1 sh < /tmp/host_state.sh
user@192.168.1.1's password:
== 主机名 ==
ubuntu
== vmstat ==
procs ---------memory--------- -swap- --io-- -system- ------cpu-----
 r b swpd    free  buff  cache si  so bi bo  in cs   us sy id wa st
 1 0    0 7677468 43772 227452  0   0 36  1  25 34    0  0 100 0  0
=== free ===
         total   used    free  shared  buff/cache available
Mem:  8129988 181264 7677468  9320      271256   7699068
Swap: 2097148      0 2097148
```

其中，**/tmp/host_state.sh** 脚本的内容如下。

```
/tmp/host_state.sh
#!/usr/bin/env bash
```

```
echo == 主机名 ==
hostname ●─────────────────┐  显示主机名
echo == vmstat ==
vmstat ●──────────────┐  显示系统的内存、硬盘和 CPU 的统计信息
echo ==  free  ==
free ●─────────────────┐  显示空闲内存和已使用内存总量
```

5.6.4　以 root 权限执行命令而无须输入密码

作为服务器的安全措施之一，root 用户默认不能用于远程登录[①]。如果需要使用 root 用户执行某些命令，必须先以普通用户登录，之后再切换到 root 用户。因此，需要输入两次密码，先是普通用户的密码，再是 root 用户的密码，还是比较麻烦的。

有一种办法可以在使用 ssh 连接到远程计算机时直接在命令中包括 root 用户的密码，免去手动输入密码的麻烦。

直接在命令中输入 root 用户的密码

```
ssh [ 目标的用户名 ]@[ 目标的 IP 地址或主机名 ] "su - -c [ 要执行的命令 ]"
<<< [root 用户的密码 ]
```

例如，以下的一行命令连接到远程服务器并令其重新启动（假设 root 密码为 passwd）。

```
$ ssh user@192.168.1.1 "su - -c reboot" <<< passwd
user@192.168.1.1's password:
密码 :Connection to 192.168.1.1 closed by remote host.
```

───────────────

① 出于安全考虑，root 用户的密码本身十分重要。请在安全的位置小心保管密码，防止意外泄露。

第 6 章

更好地
与"黑窗"相处

啊！

发……
发生了什么？

我输错了一条
命令，把文件
全删了……

不要紧，有备份在。

有些命令执行了就不能撤销，
千万注意，不能手滑啊。

对不起……

- Shut down
- reboot
- System Ctl

小马啊，你该不会是
抑郁了吧……

之后

你买了
什么东西？

我买了防滑手套，
以后输入命令再也
不会手滑了！

超 防滑
作业用
手套

正常操作
就行了……

?

讲解到这里，相信各位读者比一开始更习惯 CLI 的操作了。不过，随着你习惯 CLI 的操作，各种"事故"也会接踵而至。对笔者而言，幸运的是在工作中没有发生过重大事故，也没有引发轩然大波或登上头条。这并不是说我们不会发生失误，更准确地说，是我们有"兜底措施"。根据个人的职业性质，我会经常做好备份，并严格管理重大项目，这对我和我的工作很有帮助。

　　在现实中，我也听说过诸如"执行 `rm -rf /` 命令删掉了所有文件"这类事故的消息。在软件和计算机系统开发领域，这些都是不可避免的问题。

　　在这一章，我们将讨论在 Linux 系统操作中可能会遭遇的失误和事故。读者没有必要重蹈前人的覆辙。希望大家通过熟悉本章的内容，能够防患于未然。

令人措手不及的一些写法

有一些写法，在没有背景知识的情况下，往往会难以预测其行为，或者直观上并不容易理解。我们来看看这些令人措手不及的写法。

千万要牢记这些注意事项！

6.1.1 重定向到同一个文件

很多情况下，你想要对某个文件进行一些修改，然后将修改结果保存到同一个文件中。利用重定向似乎是个好办法，但也有意想不到的陷阱。

下面显示了一个读取任意文件进行处理，然后将处理结果重定向到同一个文件的例子。一眼看上去，这样的处理似乎没有任何问题。

将字符编码转为 UTF-8 并覆盖

```
$ cat foo.txt | iconv -f CP936 -t UTF-8 > foo.txt
```

但执行这条命令后，你会发现文件 foo.txt 里的内容全都不见了。我们来梳理这条命令的执行流程。

❶ 创建重定向目标文件（foo.txt）。

❷ 执行 cat 命令。

❸ 将 cat 命令的输出结果传递给 iconv 命令。

❹ 执行 iconv 命令转换字符编码。

❺ 将 iconv 命令的执行结果重定向到目标文件（foo.txt）。

换言之，执行流程是先创建重定向的目标文件（如果该文件已存在，则清空其内容），再执行命令。因此，在执行 cat 命令以前，文件 foo.txt 里的内容就被清空了。

■ 对　策

建议重定向时输出到一个单独的文件，如果有必要，再对该文件重命名。例如，以上操作可改写如下。

```
$ cat foo.txt | iconv -f CP936 -t UTF-8 > foo2.txt ·┐
$ mv foo2.txt foo.txt ·──┤用 foo2.txt 覆盖 foo.txt│   │重定向到 foo2.txt│
```

该问题还有其他的解决方法，不过需要引入额外的命令或者复杂的写法。这些方法都比较复杂且容易出错，在此不作推荐。

6.1.2　当心"遇到困难就 chmod 777"

在 Linux 上尝试查看某些文件时，可能会无法操作，并输出如下信息。

```
$ cat apli.conf
cat: apli.conf: 权限不够
```

在这种情况下，求助你的领导或者同事，可能会学到如下"魔法"。

```
$ chmod 777 apli.conf
```

 我记得之前有人教过我这个命令……这里有什么问题？

chmod 是用于更改文件权限的命令（详见 4.1 节），那么 777 又是什么意思呢？

事实上，在某些情况下这么做会有危险。回顾第 4 章的内容，Linux 允许用户为每个文件设置如下权限。

- 可以为哪些用户设置权限？

  文件所有者。

  组内用户。

  其他用户。

- 可以设置什么权限？

  r：读取权限。

  w：写入权限（包括删除）。

  x：执行权限（适用于 Shell 脚本或可执行文件）。

777 这个权限不太直观，其含义如图 6.1 所示。

系统为每个权限分配了一个数值，权限分配所需的数值总和为 777（请理解为三个 7 而不是七百七十七）。

这种表示方式源于文件权限在系统中是以二进制位（bit）管理的，777 权限的情况如图 6.2 所示。

	文件所有者			组内用户			其他用户		
	r	w	x	r	w	x	r	w	x
为各个权限分配的数值	4	2	1	4	2	1	4	2	1
各个数值的总和	7			7			7		

图 6.1　chmod 权限管理的方式

	文件所有者			组内用户			其他用户		
	r	w	x	r	w	x	r	w	x
以二进制位表示	1	1	1	1	1	1	1	1	1
为各个权限分配的数值	4	2	1	4	2	1	4	2	1
各个数值的总和	7			7			7		

图 6.2　chmod 777 的组成

也就是说，chmod 777 操作意味着对 Linux 中的所有用户授予读取、写入和执行的权限。这可能导致敏感信息被泄露给第三方、系统的关键配置被篡改等不安全情况的发生。网络安全的风险是随时间增加的，如果抱着"没什么大不了"的心态，那么最终会铸成大错。于系统配置而言，临时更改权限是允许的，但最终还要根据系统的安全设计重新设置权限。

例如，对一个文件仅为文件所有者授予读取和写入的权限，那么将赋予权限的位置对应的位设为 1，否则为 0，此时总和为600，如图 6.3 所示。

	文件所有者			组内用户			其他用户		
	r	w	x	r	w	x	r	w	x
以二进制位表示	1	1	0	0	0	0	0	0	0
为各个权限分配的数值	4	2	1	4	2	1	4	2	1
各个数值的总和	6			0			0		

图 6.3　chmod 600 的情形

■ 对　策

使用 chmod 命令时，应尽量避免使用 777 这样的数字来设定权限。下面列出我们在第 4 章见过的用法，它提供了直观易懂的操作方式，强烈推荐。

chmod［目标用户］［赋予/取消权限］［权限种类］［目标文件名］

- ［目标用户］：指定文件所有者为 u，组内用户为 g，其他用户为 o，所有用户为 a。
- ［赋予/取消权限］：指定 + 为赋予权限，− 为取消权限。
- ［权限的种类］：指定读取权限为 r，写入权限为 w，执行权限为 x。

以下为一些执行的例子。请务必根据目的设定合适的权限。

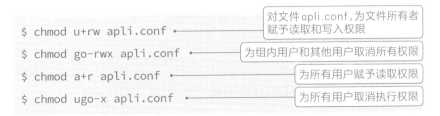

```
$ chmod u+rw apli.conf       对文件 apli.conf，为文件所有者赋予读取和写入权限
$ chmod go-rwx apli.conf     为组内用户和其他用户取消所有权限
$ chmod a+r apli.conf        为所有用户赋予读取权限
$ chmod ugo-x apli.conf      为所有用户取消执行权限
```

文件权限可用 ls -l 命令查看。更改权限时最好用它检查一下。

```
$ ls -l apli.conf
-rw------- 1 louis louis 2457 9 月 13 20:22 apli.conf
```

结果左侧的 -rw------ 部分为检查权限的区域，详见表 6.1。

表 6.1　`ls` 命令输出的权限信息

显示位置	含　义	具体内容对应的含义
❶	种　类	-: 文件 d: 目录 l: 符号链接
❷	文件所有者权限	r: 读取权限 w: 写入权限 x: 执行权限 -: 无对应权限
❸	组内用户权限	r: 读取权限 w: 写入权限 x: 执行权限 -: 无对应权限
❹	其他用户权限	r: 读取权限 w: 写入权限 x: 执行权限 -: 无对应权限

6.1.3　文件为什么自动消失了（ /tmp 和 /var/tmp ）

在 Linux 中，如果你正确设置了文件的权限，别人是无法删除你的文件的。然而，根据一些规范，某些文件不受权限控制、自动消失的情况也是存在的。

 这难道是什么灵异现象……

Linux 提供了两个特殊的目录，分别是 /tmp 和 /var/tmp，以便任何用户读写文件。有人可能会想着用它们存储和使用与其他人共享的文件，不过这里有一个巨大的陷阱。

实际上，这两个目录下存放的是临时文件，会被自动删除。

删除的时机因 Linux 发行版而异,有些会在重启系统时删除临时文件,有些会定期删除一段时间没有访问的临时文件。

■ 对 策

对于需要共同使用的文件,一定要创建一个专门的目录并在其中操作,避免将文件保存在 /tmp 或者 /var/tmp 目录下。否则,一旦文件被自动删除,后果会十分严重。

顺便说一下,WSL 环境下的这两个目录的行为不太一样。若 Ubuntu 是按照 3.4 节的步骤安装在 WSL 上的,而没有额外设置,则 /tmp 和 /var/tmp 目录下的文件不会自动删除。

开发环境和生产环境

在系统开发领域,经常会听到"以为是开发环境,结果是生产环境"的怨言。在生产环境中,某些意外操作可能会导致服务中断等重大事故。

用来显示 CLI 的"黑窗"的界面区分度很低,开发环境和生产环境难以辨别,是这类事故多发的诱因之一。为了避免这类事故的发生,个人可以采取的措施如下。

- 注意登录时显示的相关信息。
- 养成登录时用 hostname 和 whoami 等命令确认环境和身份的习惯。
- 配置终端的颜色显示。
- 配置提示符以显示主机名称。

6.2

尽量避免人为失误

　　很多失误是操作者手滑导致的，本书称之为"人为失误"（human error）。大部分操作的执行者都是人，人为失误的风险是不可能百分之百消除的。然而，某些行为本身容易增加人为失误的风险。我们在此总结这类行为，以期减少将来发生失误的风险。

　　我的建议是不要急躁，仔细输入命令，直到你习惯它们。

　　等我习惯了，就可以像高手一样"啪啦啪啦……回车！"

6.2.1　用 rm 命令删除文件后无法找回

　　误删文件这样的事故时常发生，或许各位读者之中就有人经历过。

　　rm 命令是一个用来删除文件的常用命令，用法示例如下。

```
$ rm data ●────────────［删除 data 文件］
$ rm data dat ●──────────［删除 data 文件和 dat 文件］
```

以下是发生事故的一个常见场景。假设你因工作需要创建了一个名为 data 的文件，但随后不再使用它，于是决定删除该文件。此时，在同一个文件夹下存在两个文件，文件名分别为 dat 和 data，而 dat 是一个重要的文件，一旦丢失就会很麻烦。

```
$ ls
dat data
```

为了删除 data 文件，你开始在 CLI 上执行以下操作。你在输入命令时，试图借助 bash 提供的按 Tab 键自动补全功能。

❶ 在提示符后输入 rm d。

❷ 按 Tab 键，文件名自动补全为 data。

❸ 按回车键输入命令 rm data。

然而，悲剧发生了。本来是为了简化操作而执行以上步骤，结果却错误地输入并执行了以下命令。

```
$ rm dat ●━━━━━━━━┤打算补全文件名为 data，但生成的结果是 dat……│
```

本来，如果注意到自动补全生成的文件名是 dat 而不是 data，这起事故是可以避免的。但在按下回车键的一瞬间，dat 文件被删除了，只留下了 data 文件。

鉴于 Unix 和 Linux 的文件系统结构，恢复已删除的文件极为困难，你只能抱憾重新创建一份 dat 文件。

■ 对　策

预防这类失误的措施有很多。首先，务必在删除文件时加

上 -i 参数。命令包含 -i 参数时，会在删除之前要求你确认。输入 y 后按回车键，以确认删除。

```
$ rm -i dat  ●───────── 在执行删除之前进行确认
rm: 是否删除普通文件 'dat'？
```

如果觉得每次手动添加 -i 参数太麻烦，可以在 bash 启动时读取的配置文件 .bashrc 中为命令设置别名（alias）。这样，bash 启动时就会自动执行别名设置。以下是在 .bashrc 文件中设置别名的示例。在 WSL 中，系统已经预先为我们生成了一个 .bashrc 文件，可在其基础上添加如下的别名设置。

```
$ cat .bahsrc
alias rm='rm -i'  # 输入 rm，会被解释为 rm -i
alias mv='mv -i'  # 输入 mv，会被解释为 mv -i
alias cp='cp -i'  # 输入 cp，会被解释为 cp -i
```

不过，使用此方法须谨慎。一旦你适应了这些别名配置，就可能养成另一种习惯，那就是用 -f 参数强制覆盖 -i 参数的确认过程，从而直接删除文件。

```
$ alias rm='rm -i'
$ touch foo  ●───────── 生成测试用文件
$ rm -i -f foo  ●───────── 无须确认，强制删除文件
```

此外，当你切换到没有配置别名的新环境时，发生失误的风险也会大大增加。

相比之下，Windows 系统在一定程度上减小了误删除文件的

风险。当文件不小心被删除时，Windows 会默认将其移动到"回收站"而不是永久删除。因此，你能够从"回收站"中恢复这些文件。

笔者个人的建议是在 Linux 或 Unix 上借鉴这种机制。具体来说，可以专门创建一个"回收站"目录，在每次删除文件时，将文件移动到"垃圾箱"目录下。

我们来尝试实际操作。首先，创建一个"回收站"目录（目录名中的 trash 表示"垃圾箱"或"回收站"）。

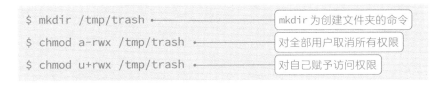

```
$ mkdir /tmp/trash               mkdir 为创建文件夹的命令
$ chmod a-rwx /tmp/trash         对全部用户取消所有权限
$ chmod u+rwx /tmp/trash         对自己赋予访问权限
```

要"删除"某个文件时，将其移动到"回收站"目录即可，如下所示。操作的复杂度与 rm 命令相差无几。

```
$ mv -i foo /tmp/trash
```

对个人而言，另一种有效的措施是经常备份。创建一个如下所示的用来备份文件的 Shell 脚本是一个不错的选择。在工作间歇时定期执行该脚本进行备份，可以让自己更加安心。脚本中的 /tmp 目录仅作示意用，如前文所述，实际工作环境中最好创建专门目录来存储备份文件。

backup.sh

```
#!/usr/bin/env bash


BACKUP_DATE=$(date +%Y%m%d)
```

```
BACKUP_DIR="/tmp"  # 存放备份文件的目录
BACKUP_LIST="/home/louis/source /home/louis/def"  # 要备份的目标目录


for WORD in ${BACKUP_LIST}
do
  WORK=$(basename ${WORD})
  cd $(dirname ${WORD})
  zip -r ${BACKUP_DIR}/backup_${BACKUP_DATE}_${WORK}.zip ${WORK}
done
```

执行该脚本，会将要备份的目标目录压缩为 ZIP 格式的文件并存储到 /tmp 目录下，执行结果大致如下。

```
$ ./backup.sh
  adding: source/ (stored 0%)
  adding: source/foo (deflated 65%)
  adding: source/bar (deflated 63%)
  adding: def/ (stored 0%)
  adding: def/foo (deflated 62%)
  adding: def/bar (deflated 63%)
$ ls -l /tmp
总计 724
-rw-r--r-- 1 louis louis 324711 9 月 11 20:31
backup_20230526_def.zip
-rw-r--r-- 1 louis louis 410271 9 月 11 20:31
backup_20230526_source.zip
```

6.2.2　复制 – 粘贴命令出错导致文件被更改

各位读者根据帮助文档或者操作手册执行一些操作时，是否有过将资料中的命令复制出来粘贴到终端里执行的经历？近些年来，随着 IaC（infrastructure as code，基础设施即代码）[1] 和 CI（continuous integration，持续集成）[2] 等概念的普及，从操作手册中复制和粘贴命令来执行的情况在逐渐变少，但这种操作方式不太可能完全消失。

因此，复制和粘贴引起的错误时有发生。例如，假设你准备从操作手册里复制如下的一行命令，粘贴到终端来执行。你之前学过，字符"#"后面的内容是注释，因此认为将整行粘贴过去不会有问题。

```
logout#> 执行后请移动日志
```

然而，执行结果显示生，成了一个名为"执行后请移动日志"的文件。

```
$ logout#> 执行后请移动日志
logout# : 未找到命令
$ ls -l ←————————————— 检查文件
总计 0
-rw-r--r-- 1 louis louis 0  9 月 12 11:26 执行后请移动日志
```

---

[1] 一种使用程序代码构建系统的方法。

[2] 一种将开发过程中经常执行的任务自动化以提高开发质量的技术，涉及任务包括合并代码到仓库、编译、测试、部署、向开发人员反馈结果等。

这究竟是怎么回事？实际上，问题出在字符"#"前面需要添加一个空格。如果没有输入空格，Shell 会将这一行解释成"执行一个不存在的命令 logout#"。此外，这一行包含了字符">"，意料之外的错误导致它被解释为重定向操作。

究其原因，是因为手册上的写法不规范。规范的写法是在字符"#"之前添加一个空格。

```
$ logout #> 执行后请用户 foo 移动日志
```

像这类由忽略空格导致的失误屡见不鲜。在文本文件中检查是否有空格相对较容易，但如果操作手册是用 Microsoft Word 或 Excel 等软件编写的，则需要特别小心此类问题。

这类由复制－粘贴导致的事故不仅仅源于手册。以下是另一种可能发生事故的场景。假设你想要执行如下目录中的 AppTestVersion 命令。

```
$ ls -l
总计 14440
-rw-r--r-- 1 louis louis     512   9月 12 11:43 AppData
-rw-r--r-- 1 louis louis 9288896   9月 12 11:43 AppTest.LOG1
-rw-r--r-- 1 louis louis 5488895   9月 12 11:43 AppTest.LOG2
lrwxrwxrwx 1 louis louis      14   9月 12 11:41
AppTestVersion -> /home/louis/Develop/App
```

你可能想要从终端复制－粘贴 AppTestVersion 命令的名称并执行，但你不小心复制了一整行，粘贴到终端并执行。

```
$ lrwxrwxrwx 1 louis louis      14   9月 12 11:41
```

```
AppTestVersion -> /home/louis/Develop/App
lrwxrwxrwx：未找到命令
```

然后，你重新复制了正确的命令，粘贴到终端并执行。

```
$ ./AppTestVersion
$
```

奇怪的事情发生了。命令没有显示任何内容就直接退出执行
了。于是，你检查了一下。

```
$ ls -l ../Develop/App
总计 0
-rwxrwxrwx 1 louis louis  0  9月 12 11:43 /home/louis/Develop/App
```

结果显示，想要执行的应用程序文件大小为 0。这又是怎么
回事？其实这个问题同样是由">"字符被解释为重定向导致的。
以上粘贴的一整行内容被 Shell 解释如下。

```
$ " 无法解释为命令的字符串 " > /home/louis/Develop/App
```

由于不存在名为 lrwxrwxrwx 的命令，执行该命令的过程本
身将失败，但重定向符号">"依然会生效。由于命令执行失败，
虽然没有输出，但"没有输出"这一结果被重定向到了已有的文
件 /home/louis/Develop/App 上，导致原文件被覆盖。结果是，
原文件的内容被抹去，创建了一个大小为 0 字节的新文件。

■ 对　策

针对这类问题，有以下几种对策。

■ 操作手册方面的对策

理想情况下，操作手册应创建为文本文件。通过在文本编辑器中配置，以区分半角空格、全角空格和制表符等容易混淆的字符，能够帮助我们更好地发现操作手册中的错误。

然而，如果使用 Microsoft Word 等软件编写操作手册，情况就会有所不同。从本质上讲，不使用这些软件可以规避此类问题，但你的工作单位未必允许你这么做。

对策之一是对用户可能会复制 – 粘贴的命令等内容使用等宽字体，如图 6.4 所示。这样能让你更容易注意到空格等字符上的错误。

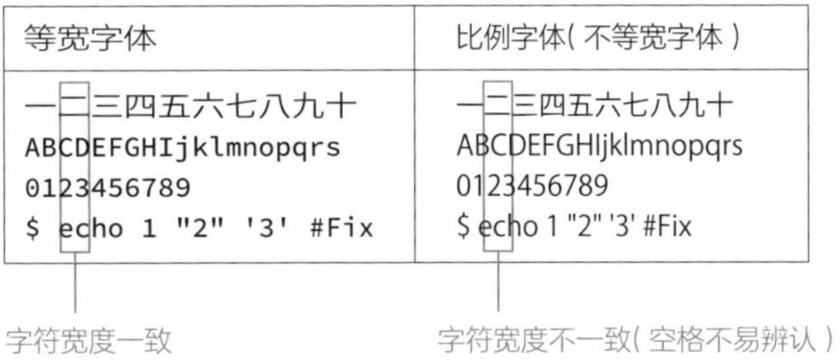
等宽字体
比例字体(不等宽字体)
一二三四五六七八九十
ABCDEFGHIjklmnopqrs
0123456789
$ echo 1 "2" '3' #Fix
一二三四五六七八九十
ABCDEFGHIjklmnopqrs
0123456789
$ echo 1 "2" '3' #Fix
字符宽度一致
字符宽度不一致(空格不易辨认)

图 6.4　等宽字体和比例字体的差异

另一种办法是，复制手册中的命令字符串时，先将其粘贴到文本编辑器中，确认无误后再粘贴到终端中执行。虽然这样做稍显麻烦，但也不失为一种有效降低事故风险的防护手段。

■ 终端配置方面的对策

各种终端模拟器在复制 – 粘贴操作上可能提供了“将选中范围的内容自动复制到剪贴板”或“点击鼠标右键自动粘贴”等功

能。这些功能一方面方便了复制 – 粘贴操作，另一方面也增加了复制 – 粘贴操作导致事故的可能性。复制 – 粘贴操作往往一气呵成，这使得粘贴错误很难避免。

　　在诸如生产环境等重要场景中，保险起见，笔者建议始终通过菜单进行复制 – 粘贴操作。

■ Shell 内部的对策

　　bash 等 Shell 提供了一种可以阻止重定向机制覆盖已有文件的配置方法。执行以下命令后，重定向将无法覆盖已有文件。

```
$ set -o noclobber # set -C 效果相同
```

　　以下是一个检查echo命令是否能够重定向到已有文件的例子。

```
$ echo foo > bar
$ set -o noclobber
$ echo foo > bar
-bash: bar: 无法覆盖已存在的文件
```

　　结果显示，用 set 命令配置后，重定向确实不会覆盖已有文件了。但请注意，这一配置方法不适用于 Shell 脚本[①]。

6.2.3　解压 ZIP 文件时，桌面多出大量文件

　　不知道你是否有过类似的经历：在解压一个 ZIP 文件时，由

[①] 执行 Shell 脚本时，系统会开启一个新的 Shell 进程，而 set 命令的配置仅适用于当前 Shell 进程，不适用于 Shell 脚本新开启的进程。如果要启用该配置，请在 Shell 脚本内部添加命令 set -o noclobber。

于未事先确认压缩包中的内容，导致解压后大量的文件夹散落在某个目录，甚至是在桌面上，如图 6.5 所示。

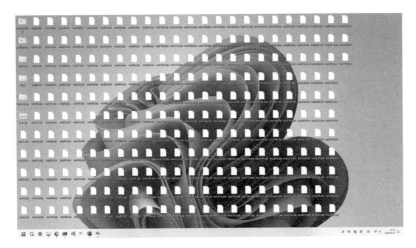

图 6.5 桌面上铺满了解压后的文件

■ 对 策

笔者的对策很简单：创建一个专门用于解压的目录，将压缩文件移动到该目录下进行解压。虽然多了创建目录这一步，但这样做并不会增加太多思考成本。

我们在 5.5 节介绍过，Linux 除了 ZIP 格式，还支持很多其他格式的压缩文件。在解压之前，可以先行检查压缩文件的内容，在 WSL 中也一样。表 6.2 列出了压缩文件的种类以及对应的检查内容的方法。

Windows 系统中有很多支持查看和操作压缩文件的软件，如7-Zip 和 BandiZip 等。另外，Windows 11 支持直接在资源管理器里查看一些格式的压缩文件。有些软件在解压时会自动生成专门的文件夹，可避免这种"文件铺满桌面"的情况，建议多加利用。

表 6.2　不解压而检查压缩文件内容的方法

文件类型（扩展名）	检查方法示例
zip	gunzip -l sample.zip 或 unzip -l sample.zip
tar	tar -tvf sample.tar
tar.gz	tar -tvzf sample.tar.gz
tar.bz2	tar -tvjf sample.tar.bz2

无法使用 WSL 时的替代方案

编写本书的目的不仅仅是帮助读者在 PC 上使用 WSL，还鼓励读者在工作环境中利用它。然而，现实中碍于公司或单位的规定，可能无法未经允许在工作计算机上安装软件。如果由于某种原因无法安装 WSL，可以参考接下来介绍的一些替代方案。

■ 局限性

- 这些方案可以保证提供基本的命令，但本书中提到的一些命令可能无法提供。
- 本书中讲解的一些命令可能无法按照书中的安装流程进行安装，需要自行研究安装方法。
- 某些命令可能有不同的行为或参数。

A.1 Cygwin

Cygwin 是一套在 Windows 上提供与 Unix/Linux 类似环境的软件。尽管 Cygwin 类似于 WSL，但它的历史要早得多。Cygwin 是免费的软件。

■ 官方网站

https://www.cygwin.com

A.2 Git for Windows

Git 是用于程序源代码版本管理的软件。Git for Windows 不仅包含 Git 本身，还提供了 bash 以及一些基本的命令。

■ 官方网站

https://gitforwindows.org

A.3 MobaXterm

MobaXterm 是一款终端模拟器，专门用于通过各种协议（如 SSH、SFTP、Telnet、VNC、Mosh、RDP 等）连接到远程计算机。此外，它还集成了 bash 和一些基本命令供用户使用。MobaXterm 有免费版和付费升级版。

■ 官方网站

https://mobaxterm.mobatek.net

A.4 Busybox for Windows

BusyBox 是一款将 bash 上的各种基本命令打包在一起的软件，可配合 Git for Windows 和 MobaXterm 一起使用。

■ 作者的官方网站

https://frippery.org/busybox/

如果安装 WSL 有困难，不妨试试这些软件！

如何利用多个终端模拟器

实际使用终端模拟器时，你可能需要同时打开和查看多个文件，或者同时使用多个软件。利用多个终端模拟器的方法有很多。

B.1 启动多个终端模拟器

最直接的方案是根据需要启动若干个终端模拟器，如图 B.1 所示。这种方案虽然简单，但也有一些不便之处：一方面需要手动调整窗口的大小，另一方面如果连接到远程计算机，则需要在每个窗口上都登录一遍。

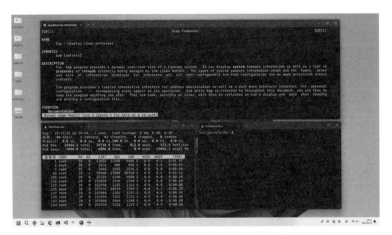

图 B.1　打开若干个终端模拟器的界面

B.2 选项卡

除了打开多个窗口，还可以利用 Windows Terminal 等终端模拟器的选项卡功能，在窗口顶部以选项卡的形式组织打开的多个终端模拟器。

B.3 在终端中分栏

分栏（multipane）是笔者推荐使用的一种方式。顾名思义，"分栏"指的是在一个窗口中分割出若干栏（pane）。利用终端的分栏功能，你可以在执行命令的同时查看日志文件，或者参考定义文件进行编程。

终端分栏的实现方式分为两种：一种是在连接源（客户端）的软件中实现，另一种是在连接目标（服务器端）的软件中实现。我们将介绍近些年常用的 Windows Terminal 和 tmux 两种终端的分栏实现方式，你可以根据具体情况和自身需求进行选择。

■ 在 Windows Terminal 中分栏

在 Windows Terminal 中分栏属于在连接源（客户端）的软件中实现的方式，如图 B.2 所示。最新版本的 Windows 11 默认自带 Windows Terminal，无须自行安装。如果是旧版本的 Windows 11 或者 Windows 10 等，则需要通过官方的软件市场 Microsoft Store 等渠道安装。

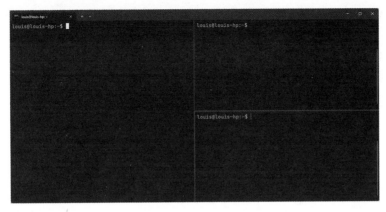

图 B.2　在 Windows Terminal 中分栏

表 B.1 列出了在 Windows Terminal 中分栏的各种基本操作。

表 B.1　在 Windows Terminal 中分栏的基本操作

按键操作	动　作
Alt+Shift+ 加号	水平分栏
Alt+Shift+ 减号	垂直分栏
Ctrl+Shift+W	关闭当前分栏
Alt+ 方向键	在分栏之间移动
Alt+Shift+ 方向键	调整分栏大小

■ 在 tmux 中分栏

在 tmux 中分栏属于在连接目标（服务端）的软件中实现的方式，如图 B.3 所示。在终端中输入 tmux，即可进行分栏操作。如果 Ubuntu 是按照 3.4.2 节安装的，那么 tmux 命令已经在环境中安装，否则需要执行命令 sudo apt install -y tmux 来安装。

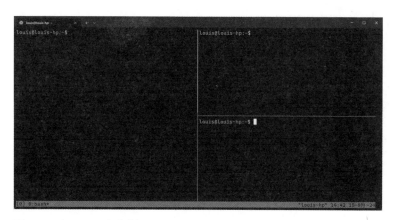

图 B.3　在 tmux 中分栏

表 B.2 列出了在 tmux 中分栏的基本操作。

表 B.2　在 tmux 中分栏的基本操作

按键操作	动　作
Ctrl+B，然后按 %	水平分栏
Ctrl+B，然后按 "	垂直分栏
Ctrl+B，然后按 x	关闭当前分栏
Ctrl+B，然后按方向键	在分栏之间移动
Ctrl+B，然后按 Ctrl+ 方向键	调整分栏大小

后　记

我感觉我已经和"黑窗"及命令成为朋友了！

你现在有了可靠的助手，它能帮你找到开发的乐趣！

感谢各位读者能读到这里。

本书的定位是作为初学者阅读 CLI 和命令相关入门书籍之前的一本"入门书中的入门书"。许多 CLI 和命令相关的入门书籍虽然称为"入门"，但门槛依然很高。鉴于此，本书致力于细致讲解基础操作步骤。

开始编写本书的时候，笔者回忆起自己以前经历过的失败和挫折，心想："如果不把这些事项写下来，任何人第一次尝试恐怕都会受挫……"于是，笔者抱着一种强烈的愿望，就是希望新一代的新手工程师们不用重复经历这些失败和挫折。为此，本书在结构上作了针对性设计，以尽可能为初学者提供丰富的内容。

不知道各位读者是否通过本书和"黑窗"成了朋友？

如果本书能对各位读者未来的工作和生活有所帮助，笔者将不胜荣幸。